木混材实用设计指南

木种选用×施工工法×空间创意，
木材与多种材质混搭应用解析

漂亮家居编辑部　著

辽宁科学技术出版社
·沈阳·

索引

9 STUDIO 九号室内装修
云邑室内设计
大纮设计
森境+王俊宏室内装修设计工程有限公司
石坊建筑空间设计
大湖森林设计
开物设计
福研设计
方尹萍建筑设计
欣琦翊设计 C.H.I. Design Studio
相即设计
禾筑设计
YHS DESIGN设计事业
KC design studio 均汉设计
青松木业
Luriinner Design 路里设计
形构设计
上兴木材行 / W2 woodwork
立大兴业有限公司
一郎木创 /住工房
仆人建筑空间整合
一它设计
SOAR Design 合风苍飞设计 + 张育睿建筑师事务所
HAO Design 好室设计
虫点子创意设计

目录

OO4

Chapter 1

第1章

认识木材

O32

Chapter 2

第2章

纯木
空间混材设计

O56

Chapter 3

第3章

木×石
空间混材设计

O88

Chapter 4

第4章

木×砖
空间混材设计

1O4

Chapter 5

第5章

木×水泥
空间混材设计

128

Chapter 6

第6章

木×金属
空间混材设计

152

Chapter 7

第7章

木×板材
空间混材设计

176

Chapter 8

第8章

木×塑料
空间混材设计

2OO

Chapter 9

第9章

木×玻璃
空间混材设计

1

Chapter

第1章

认识
木材

图片提供©9 STUDIO 九号室内装修

要点 1. 木素材特性及应用　　　006

要点 2. 不同材质搭配常用木种　　018

要点 3. 木素材运用趋势　　　　026

要点 1.
木材特性及应用

实木
天然纹理散发
独特香气

由整块原木裁切而成的木材称作实木，有着天然的树木纹理与不同木种的质感颜色，可搭配各类材质而呈现出多元面貌，且散发原木的天然香气。而且木材有吸收与释放水汽的特性，具有维持室内温度和湿度的功能，进而打造健康舒适的居住环境。

木业或木材公司主要贩卖整块未拼接的实木，大多可作为桌面、椅凳和电视柜等家具的厚板。实木地板和装饰用木皮板则分别由其他厂商加工出品。实木保养涂料分为三大类：护木油、蜡及保护漆。透气度和散发原木香气程度渐次递减，光泽则是保护漆优于护木油，再优于蜡；保护程度则是保护漆最优，最耐污损碰撞。只要面材是天然木料产品，不论是否拼接，保养涂料的选择方法其实都是相同的。

柚木实木地板表面的锯痕，比起一般常见地板光滑的表面更有朴实的手感，给房间增添温暖亲和的气息。图片提供©仆人建筑空间整合

实木制作流程

1. 采集运送：将从林地采收的木材，搬运至木材加工厂。

2. 裁切：对原木进行初步裁切，去除枝节，留下主干。

3. 天然风干：将原木堆放在户外或空气流通处，通过日照或气流风干，让原木中的水分自然蒸发，最少需经6个月。

4. 人工干燥：将完成天然风干的木材，放入能控制温度、湿度的人工干燥室，使原木表面与内部平均含水率降低。经过人工干燥处理的木材，仍需在通风环境中放置相当长的时间，进行"回潮"，使木材适应一般空气的温度、湿度，在加工时才不易卷翘变形。

5. 表面抛光：将干燥处理后的木材，进行表面打磨抛光处理，并视需求裁切加工为板材或家具。

优点/缺点

没有人工胶料或化学物质，只有天然的原木馨香，价格高昂，抗潮性差，易膨胀变形。

图片提供©青松木业

主要种类说明

木地板　质感温润的木地板，可分为整块实木地板以及复合式实木地板（又称海岛型木地板）。地板的价格，主要是由上层用的木材及表层木皮的厚度来决定的。油质佳、抗潮性较佳的树种如桧木、紫檀木及花梨木等，相对价格较高；而榉木、橡木、枫木等抗潮性较差的树种，价格较低。

种 类	整块实木地板	复合式实木地板
特 点	1.由整块原木裁切而成。 2.能调节温度与湿度。 3.天然的树木纹理，触感佳。 4.散发原木的天然香气。	1.实木切片作为表层，再同基材胶合而成。 2.不易膨胀变形，稳定度高。
优 点	1.没有人工胶黏剂或化学物质，只有天然的原木馨香，让室内空气怡人。 2.具有温润且细腻的质感，营造空间舒适感。	1.适合海岛型气候。 2.抗变形性能比整块实木地板好，耐用且使用寿命长，抗虫蛀、防白蚁。 3.环保性能佳，基材使用快速生长的树种，有效减少砍伐。 4.表皮使用染色技术，颜色选择多样，易于搭配室内空间设计。
缺 点	1.不适合海岛型气候，易膨胀变形。 2.大量砍伐原木不环保，且由于环保意识加强，原木的取得不易，易受虫蛀。 3.价格高昂。	1.香气与触感没有整块实木地板好。 2.若使用劣质的胶黏剂黏合，则会散发有害人体健康的甲醛。

风化板　风化板是利用喷砂或滚轮状钢刷，磨除纹理中较软的部分，增强天然木材的凹凸触感。 其实每个木种都可以作为风化板，但以质地较软的木材为主。在市面上可见到梧桐木、 南美桧木、云杉、铁木杉、香柏等木种在市场上流通。

风化板的属性与实木木料相同，一样怕潮湿，怕温差变化过大，所以较适合贴于室内干燥区域的顶棚、墙面、柜体或桌面，较不适合作为地板，久踩或家具压于其上易造成凹痕，凹凸纹理易藏污纳垢。风化板可涂上一层保护漆或透明漆，这样较不易因毛边伤人。在清洁上，建议使用软毛刷清洁表面凹痕，来维持风化板的整洁。

戶外材　户外材是指可使用在室外环境中，经得起风吹日晒雨淋的木材，作为户外家具，或栏杆、露台栈板等景观设施用材，大多选用经过化学防腐处理的木材（例如南方松），或含油多、硬度和密度大、稳定性好不易变形且不需经防腐处理的天然木材。

具有户外材条件的木种，多产自热带地区，缅甸柚木油脂含量高且稳定性一流，甚至可抗海水侵蚀，成为游艇甲板的选择之一，虽然价格不菲，但是可用上数十年。其他常用的天然户外材，寿命也可达10年以上，是南方松的三四倍，包括铁木（包括太平洋铁木及加里曼丹岛铁木）、南洋榉木、土垠木、斑檀木、香二翅豆木、莫拉木、苏比勒木等。

选购注意事项

1. 由于木材来自世界各地，货源分散，因此各木业、木材公司进口的木材种类会有差异，例如大宗引进东南亚木种的可能北美木种就较少，也有专攻少数特定木种的公司。实木公司以提供大块木材产品为主，家具定制服务大多限于造型简单的桌板、电视柜等，需要较精细加工的木地板、企口板等通常由其他公司制作。

2. 注意木材往往有许多不同名称，学名、俗名、市场名等，特别是常为了好卖而张冠李戴的情况，例如非洲柚木其实是大美木豆，最好稍加了解，避免询价时被混淆。有些珍稀的木头，事实上因禁采已经鲜少在市场上流通，假货充斥，有时连进货的公司都不一定分辨得出来，不要贸然选购。老牌有信誉的实木公司，会比家具制造零售商、设计师和木工师傅更了解木种差异和特性，实地造访很快就能理解质感差异。

3. 在接到定制家具报价后，除了检视木样是否为预约木种，也应就木种询价，换算所需材积和工价之后就知道报价是否合理。在使用天然实木板或木皮时，注意板材要一次进足，由于每批板材的颜色都会有些微差异，在再进货时要事先估算好足够的数量，避免二次进货导致纹路色泽不同，影响整体美观。

造型朴实、质感温润的茶席卧榻，选用老松木作为框架，中间铺设苗栗苑里出产的手工编织蔺草垫，冬暖夏凉。图片提供◎仆人建筑空间整合

实木贴皮

木质感空间的
绝佳推手

整块天然实木价格高昂，加工不易，在一般装修及家具领域，最常遇到的是实木贴皮，就是将厚度不到数厘米的木皮贴在墙面、顶棚或家具上，创造出自然的木质效果。

传统木皮制造是直接从原木刨切木皮而成的，色泽及纹路都与实木无异，现在应市场需求出现更多样的加工产品，例如钢刷的风化木皮、锯痕木皮、烟熏木皮、染色木皮等，甚至还有集成材面的木皮。就木纹即可区分天然木与人造木，人造木是后制加压而成的木料，纹理和色调可人为控制，木纹走向较为一致，一般多采用顺花拼的方式贴皮。而天然木皮为自然生长，无法控制，木纹线条较难预计，多采用合花拼的方式贴合，以平衡整体的视觉效果。

木皮以天然实木制成，保有木材原始的色泽和纹路，若选用较厚的木皮产品，甚至可以有实木板的触感。山胡桃木皮保留白色的边材，与心材深浅交错，作为装饰壁面比规则线条来得生动，饶富变化。图片提供©立大兴业有限公司

实木贴皮制作流程

1. 裁切原木：将原木以 H 形锯成 5 个部分。

2. 角材刨切成木皮：取裁切后的两块木料，依需求厚度裁切成 0.25 ～ 2mm。

3. 将木皮背面涂胶黏附于素面底板上：底板厚 3 ～ 24mm，尺寸 122cm×224cm ～ 122cm×304cm。

4. 上漆涂装：可上透明环保漆或进行推油处理。

鸡翅木实木拼

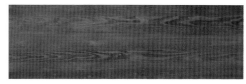

幸福树实木拼

木皮产品发展至今已有自粘木皮，也有公司在工厂预制木皮板，即将木皮贴在用环保材料压制的底板上，甚至有表面涂装完成的，无须现场施作贴皮或上漆，省时环保，较能确保质量。图片提供©立大兴业有限公司

优点/缺点

厚片木皮可以用较低的价格创造出实木质感，但现场施工需依赖木工师傅的手艺，粘贴木皮使用的胶黏剂是甲醛的主要来源，要注意胶黏剂或板材是否符合环保规定。

传统木皮染色会受到木材原色的影响，效果不尽理想，现代水染木皮技术使用水性溶剂褪去木材原色，再以水性染剂上色，可以随心所欲变换色彩，不影响木纹，为装修市场带来更丰富的选择。图片提供©立大兴业有限公司

集成材
应用广泛的新趋势

近10年来集成材被大量广泛地运用，可说是木材使用的必然趋势。主要原因是限制森林砍伐，原木得来不易。其次，相较需耗费多年时间长成的大块实木，集成材利用多块木料接成，加工快速，延展性高，且木头损耗低可降低成本，因此无论在装修、家具或建筑上，甚至装修用的角料也多是集成材。

广义的集成材可分为由较大块单种实木柱拼接成的直拼板，由单种或多种小块的木料组合成的集成材。"单种木料直拼板"，讲究木纹和色彩相近，是整块实木的最佳取代者，常用于家具桌面；"集成材板"则木料一致或混搭，厚薄尺寸多样，从数厘米的作为顶棚、壁板到好几十厘米的作为家具柜体、桌面都有，由于集成材相较整块实木性质稳定，不易变形，近来出现用集成材做成的结构柱。

任何木种都可制成集成材，常见的包括柚木、松木、北美橡木等，集成木料越宽、越厚，成本也越高。早期集成材都是将有限木料榫接成较大木板的，而现今则多以胶黏剂接合取代。集成材的保养与实木相同，用于室内的可以涂护木油或保护漆保护，若使用于户外，则必须以室外用护木油涂装，或经防腐处理。

木地板有3种花色，深深浅浅拼出生动的铺面。而墙面木皮染成接近地坪的颜色，两两成 对地斜拼出千鸟纹。图片提供©森境+王俊宏室内装修设计工程有限公司

集成材制作流程

1. 采集运送：将从林地采收的木材，搬运至木材加工厂。

2. 裁切：对原木进行初步裁切，去除枝节，留下主干。

3. 天然风干：将原木堆放在户外或空气流通处，透过日照或气流风干，让原木中的水分自然蒸发。

4. 人工干燥：将完成天然风干的木材，放入能控制温度、湿度的人工干燥室，使原木表面与内部含水率降低，经过人工干燥处理的木材，在加工时才不易卷翘变形。

5. 表面抛光：将干燥处理后的木材，进行表面打磨抛光。

6. 强度测试：以木槌或铁锤敲击木板的一侧，利用麦克风收音，将声波数据传入傅里叶频谱分析仪，分析纵向共振频率，测试木材的均质程度，有无非破坏性分级。这个步骤多用于结构材分级检测。

7. 木材分级：通过非破坏性分级，依弹性模量高低将木材分为内层用材、外层用材与等外材。等外材不用于结构，而用于装修。

8. 去除缺点：将木材的木节等缺点去除，并裁成均质的木块或木条。

9. 指接布胶：将木条一侧裁成锯齿状，涂胶黏合，接合处就像手指交叉的样子，能增加密合强度。使用的胶黏剂依据集成材的木种与用途而有所不同。

10. 指接接合：对胶合的板材施加压力拼合，达到所需压力就停止，使之更为密合。

11. 检验指接强度：在集成材中间加压，测试指接强度与拉力。

12. 层积胶合成结构用中大截面构材：将经过质量与强度区分后的集成木薄板，使用结构用胶黏剂，以适当的层积压力，胶合成结构用的中大截面构材。

优点/缺点

经济实惠，价格较整块实木低廉，胶黏剂质量影响耐用程度，同时有甲醛过量的疑虑，在选购时必须注意是否符合绿色建材规范。

二手木材
兼具环保和风格的选择

许多人喜欢木材的触感温润、健康自然，但全新实木的价格较高，出于经济方面的考虑，二手木材成为首选之一。二手木材的来源，主要为旧房屋梁柱、门窗、木箱、栈板、枕木等。

在除钉、刨除表层氧化和脏污部分后，质感可几乎与新材无异，且稳定性更高，不会有突然皲裂的问题。如桧木，是很难买到的新材，二手木材的价格便宜三到五成，是环保又划算的选择。但由于未整理的二手木材表面不平整，尺寸不一，直接使用往往耗费更多人工，不能达到节省预算的目的。二手木材能如实木一样加工为拼板和集成材，还可选择不清除漆面或保留钉孔，成品表情多样，应用层面更广。二手材可用钢刷加工，做成风化板，但有些二手木材自然磨损，不需加工即有风化板的效果，看起来更加自然。

工业风爱用二手老件，甚至复制仿旧品都颇受欢迎。过去通常价值不高的旧窗框、门片，现在成为抢手的风格素材真品。 图片提供©上兴木材行/W2 woodwork

墙面采用陈年旧船板回收古木，历经岁月洗礼，木质稳定，色泽醇厚，每块都不尽相同，表情多样。图片提供©仆人建筑空间整合

优点/缺点

质地稳定，价格较新材便宜，未经修整的二手木材可作为风格素材，几乎没有整块实木，有些木材的香气因岁月已变淡，可选择的木种有限。

合板类板材
无所不在的
基础建材

当现代钢筋水泥建筑正逐步取代传统砖木构造时，建材的制作也追求高效率、工业化。合板类板材在原木资源成本日益提高、大板面取材不易的情况下，应市场对室内装修的需求而生。木材由于受地域、气候条件影响，所以常有翘曲变形开裂、随干湿而收缩膨胀等多种情况发生。为防止这些情况发生，将用卷切法制成的单板，按木纹理方向垂直交叉重叠胶合，再以热压机压制，即为合板（或夹板）。还有更加厚实的木芯板、由木屑压制的颗粒板和纤维板，都是普遍的合板类板材。现今的室内装修，大多数以合板与实木组合完成，如大面积的办公桌/餐桌桌面、橱柜的侧板、门板等，时常是在合板外贴实木皮。

夹板面材通常为松木或桦木，挑选纹路美观的板子，不上漆或贴皮，可直接作为完成面。设计师在空间相交的三角地带，以盘转（Twist）的手法将量体以平行的角度旋转餐桌兼书桌，将动线做形式上的转换，依使用需求由窄到宽，表达强烈的空间交会概念。图片提供©KC design studio 均汉设计

优点/缺点

合板类板材不受地域、气候的影响，不易开裂变形，可制成不同规格尺寸，方便加工。合板类板材制作的榫有较多的限制且在各层之间有胶黏剂，在加工刨削时易于磨损，在受潮后易膨胀变形而松裂。

主要种类说明

夹板

芯板

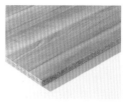
实木颗粒板

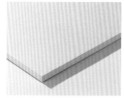
纤维板

夹板　最常见到的合板，是由3片单板胶合而成，最上层为面板，面材较佳，中层为芯板，是较差的单板，最下层为里板，材质次于面板，合板的厚度由3～30mm，当超过15mm厚度时，通常增加芯板的层数，同样按纹理方向垂直重叠胶合，但必须是奇数层，以使最上层与下层的单板呈同一木理方向，有五层、七层、九层。

市面上的夹板还有在出厂时已贴好实木皮的贴皮夹板、贴有美耐皿皮纸的夹板，可直接使用，不需现场贴皮，使木作外观品位一致，十分方便。夹板可喷刷涂料，如拥有防火树脂层、美耐皿层的防火板，使用聚酯涂料的丽光板或保丽板，表面光亮，不耐撞击，可切割组合成艺术壁板，因丽光板耐水性不强，不可用在潮湿处如洗手台台面。

芯板　木芯板的上下层约为0.5mm的合板，中间由长宽不等但厚度一致的木条拼接，在布胶后施以热压压制而成。根据中间拼接木条的木种不同，坚固程度有落差，一般市面上有较松散的马六甲板及较坚硬的柳桉芯板两大类。芯板耐重力佳，结构扎实，五金接合处不易损坏，具有不易变形的优点，而且其价钱低廉。与夹板一样，目前也有各种表面贴皮的产品。过去木芯板最为人诟病的地方，在于中间木条胶黏剂甲醛含量较高，目前对于建材的环保规定相对严格，在采购时应留意产品检验是否符合相关规定。

**实木
颗粒板**　实木颗粒板又称塑合板，是将木材搅碎成木屑，掺上胶黏剂后以高温高压制成的。实木颗粒板可用于制造家具、橱柜、装潢壁板等，是系统柜的主要基材。本地市场主要是从欧洲进口的塑合板，表面贴印刷美耐皿皮纸或美耐板，也有少数实木贴皮产品，但必须以PVC胶条封边，一般少见于现场木作。由于颗粒板主结构完全由木屑胶合而成，虽不受不同地域、气候影响，却有甲醛及遇湿膨胀的问题，因此重点在于采用符合标准的板材。

纤维板　纤维板又称密度板，纤维板事实上有许多种，在市面上最常见到的大概可分为3种：逐渐被淘汰的俗称甘蔗板的低密度纤维板、中密度纤维板（Medium Density Fiber-board, MDF）和最近越来越流行的定向纤维板或定向刨花板（Oriented Strand Board, OSB）。

MDF在外观上与其他种类纤维板或颗粒板较为不同，以精制的木纤维压制成，密度高且表面平整，几乎不需要批土就可直接喷漆，在压制时能制成各种花样的浮雕或用激光雕花，可塑性强，在用作墙壁嵌板或隔音材料时，更显精致华丽，冲孔的MDF也是普遍使用的隔音材料。

OSB相较于颗粒板，木屑较大且交错叠合，压制需要的胶量较颗粒板少，强度却很高。一般居家装潢需要用到OBS三等级的板材，表面涂有石蜡，较为平滑且防泼水。然而不论哪种纤维板都不宜用在室外或潮湿地方，以免受潮使纤维板软化膨胀而弯曲变形，甚至发霉影响环境。

企口板　企口板构造呈细长形，在两侧有一凸一凹的接口，由于企口板拼接完成面有装饰的沟槽线条，因此常用作墙面或顶棚的面材，不只可整面铺贴，也可作为腰墙，为空间带来变化，在乡村风格的居家空间经常可见。材质多样，除了整块实贴木皮外，贴天然木皮的夹板和贴印刷花纹皮纸的夹板也十分常见。若想用于潮湿区域，也有塑料材质可供选择。

顶棚选用柚木，并以企口板拼接而成，企口板的优点为消除板材表面的单调，且由企口板的间距及沟槽变化产生更美的感觉。图片提供©仆人建筑空间整合

实木贴皮的企口板的厚度及木种会影响价格，实木贴皮的企口板是较为实惠的选择，常见的贴皮木种有桧木、栓木、铁杉、柚木、白橡木、云杉木等。

不同材质搭配常用木种

01
/
桧木

桧木的木种包括台湾红桧及扁柏。扁柏生长速度慢，质地较硬，俗称黄桧，价格较高，常用来做梁柱。与扁柏相比，台湾红桧颜色偏红，且木质较为松软，因此多用作装饰板，如壁板、天花板，早期家具商经常使用台湾红桧贴皮增加质感。桧木的香气相当迷人，台湾红桧闻起来较扁柏更香甜轻柔，加上本身天然纹理优美，质地温润，经过抛光处理就相当漂亮，能依照喜好进行喷砂、染色、炭化等表面处理，常见于搭配石材的日式风格或搭配红砖的中式复古风格。

由于中国台湾地区的桧木产量有限，并已禁止开发，市场上的桧木大多为库存且价格不菲，目前流通较广的红桧，应属北美红桧，与台湾红桧相比，无论色泽木纹、质地重量、香气都十分相近，唯香气较淡，质地较松，亦是深受喜爱的木料之一。在市场上还有越南桧及老挝桧，它们的学名是福建柏，为柏科针叶木，与桧木同科但不同属，福建柏的木纹与台湾红桧相近，差别是木头气味不同，常作为台湾红桧的替代木种。

在桧木上铺柏油，作为屋顶下方的隔热材料，本就特异的模样，成为空间中主要视觉的标示物，起到最佳装饰效果。图片提供©云邑室内设计

0 2 / 日本桧木

日本桧木属于扁柏科，虽然日本人用日本桧木称呼中国台湾地区的扁柏，但原本专指日本扁柏。由于人们喜爱中国台湾地区的桧木，本地又取材不易，所以气味和质感接近且有系统人工栽植的日本桧木变成实惠许多的选择。此木种触感软，赤脚踩踏十分舒适，然而不耐重压碰撞，必须考虑生活习惯才能采用桧木作为地板，不适合作为西式家具材料。虽然日本桧木香气怡人，普遍被用在卫浴，但防腐效果再好的木材，长时间碰水还是会使木材快速腐坏，除非可时常更换，否则建议使用在壁面和顶棚，就可因蒸汽带出香气。

因为产地和木种不同，日本桧木色泽稍微偏白，质地较中国台湾地区的桧木偏韧，气味没那么浓郁。图片提供 ©一郎木创/住工房

柚木是属于马鞭草科柚木属的植物，产地为缅甸、印度尼西亚、泰国、加里曼丹岛、爪哇岛、印度等，其中以缅甸出产的质量最佳。柚木枝干粗壮，材质细密，生长缓慢，成材需要较长的时间。木材富含油脂，纹理通直，木肌稍粗，边材为黄白色，芯材色泽偏暗褐，但因产地不同而有些色泽上的差异，搭配质地细腻的金属，如黄铜、不锈钢和水泥，感觉沉稳又平易近人。

芯材的年轮明显细密，干燥性良好，耐久性佳且收缩率小，木质强韧，对菌类及虫害抵抗力强。在欧美多用于室外家具，而高级游艇甲板皆一律采用柚木，其抗蚀耐用的程度可见一斑。柚木适合高温高湿的气候，因此深受热带地区市场的喜爱，用来制作室内家具、地板等。

柚木油脂高，不易变形，经得起风吹日晒，适合用在室外阳台。虽然经久耐用，因为价格较高，除了私人住家庭院，一般公共空间较少使用。图片提供©仆人建筑空间整合

玄关、衣帽间选用柚木实木格栅，日式格栅造型兼顾通风和美观，与黑色月光石搭配，带来沉稳调性。图片提供©仆人建筑空间整合

04
/
橡
木

橡木又称柞木，属阔叶木的一种，大多运用在高级木器、家具、木桶或橱柜上，也经常被用来制造乐器，在室内设计中多用作地板、墙面、门片等，大多用在现代风格的作品之中，纹理呈直纹状，常搭配亮面材质，如金属或水泥。

此木种具有相当良好的加工性，无论染色或特殊处理都能有不错的效果。相较其他颜色较深的木种，橡木无论白橡、黄橡或红橡，上色性极佳，能进行双色染色，例如先在毛细孔填入颜色，再染上第二种颜色，让木材呈现填白染灰等不同质感。此外，染深、烟熏、钢刷等表面加工方式，都能在橡木上有不错成效。

橡木质地硬沉，树木经砍伐后，在干燥过程中水分较难脱净且容易弯曲，因此干燥过程要十分小心。切忌橡木尚未干透就用于施工，在完工后很可能一年半载就开始变形，无论用作家具或用于装修都必须注意。

染灰橡木地板与水泥墙面、顶棚融为一体，木地板的走向搭配玻璃隔间，使空间有无限延伸之感，点缀暖色家具凸显家居本质，表现屋主利落、低调却坚持自我的本色。图片提供©KC design studio 均汉设计

胡桃木多产于美国东部，木材密度、硬度、强度与刚性都较大，从16世纪开始深受人们喜爱，不仅运用在家具、小木器的制作上，近来也被广泛运用在家居设计中。其历史背景带来的复古风味，除了适合用于自然乡村风格的空间外，运用在现代风格的空间中，搭配黑色金属或镜面，有种新旧混搭、跨界演出的气息。

胡桃木的色泽与深浅不一，有的偏红，有的偏黑或偏白，木皮颜色较深者，木花的颜色也会较深，弦切面所呈现的山形纹也会更加明显。由于胡桃木的硬度大、刚性大，相对的韧性则较差，当山形纹实木板使用于壁面时，常有日后变形的困扰。建议可依照使用处不同，采用不同底材与加工方式，在大面积装修时，可采用实木贴皮夹板处理，尽管会增加厚度，但给人的触感会较扎实，且接近实木。如果运用在细部上，如门框，就建议采用无纺布贴胡桃木实木皮，其厚度可让折角处更细腻服帖。

1.　采用胡桃木打造拼花面板，古典双开门餐柜以及传统陶砖等元素，搭配流线简洁的弧形顶棚造型。精练却不单调的铜色厨房，以暖色系串起不同材质，融合出独一无二的氛围。图片提供©KC design studio 均汉设计

2.　空间三面采用拼花面板，在视觉上让空间延伸扩大，而利用胡桃木木边与芯材色彩落差大的特质，制成复古拼花，比起传统的拼花更加立体且存在感强烈。 图片提供©KC design studio 均汉设计

杉木种类繁多,如云杉、冷杉、美西侧柏(俗称美国香杉),以及中国台湾地区特有的台湾杉等。台湾杉质地类似台湾红桧,木质较为松软,且本身具有耐久性,早期经常用在易泼雨的建筑外墙上做鱼鳞板或木门等,而云杉一般用于制作响板、钢琴等乐器。

此外,在北美可持续林中,云杉、冷杉等针叶树种的木材物理特性极为相近,一般被合称"SPF",即云杉(Spruce)、松木(Pine)、冷杉(Fir)的集合。由于真正的冷杉数量相当少,而树龄达三四百年的冷杉更是罕见且价格高昂,因此,在市场上流通的"冷杉"一般可能为木材纹理特性较接近的花旗松等木料,购买时需特别留意,由于此类木种相似度极高,一般得通过木种鉴定才能确定。由于烘干后具有出色的抗凹陷、抗弯曲等特色,且易于油漆、染色处理,稳定性高,价格相对低廉,因此被大量运用于构造与装修上,适用于各种风格。

1. 烧杉是一种日本的木材处理手法，以直火烧烤杉木板，使其炭化，降低木材的吸水性和虫蛀的可能，大幅提高木材的防腐性及耐久度，常被用在外墙。色泽质感厚重，木纹肌理粗犷的烧杉板，搭配洗练的不锈钢，材质冲突感呈强烈视觉效果。图片提供©KC design studio 均汉设计

2. 杉木抗腐朽性强，过去时常用于外墙及条板箱，经年累月的使用使得木材自然风化变色。在厨房使用旧杉木板，木材相当稳定，不太受湿气影响，岁月的痕迹使得木板有着如拓荒小屋的粗犷原始风味。图片提供©KC design studio 均汉设计

要点 3.
木材运用趋势 ——————

趋势 1
树节与风化白边，保留木材最初原始样貌

早期空间设计偏好木材表面平滑，木纹对比反差低，讲究工整与完美无瑕，但难免使空间整体看起来略显呆板单调。现在越来越多的人崇尚自然，能接受木材上清楚的树节纹理，或明显的自然风化白边。

清楚树节与自然风化白边，反而更能保有木最初的自然样貌。图片提供©Luriinner Design 路里设计

比起过往追求精雕细琢、完美无瑕的工艺，愈来愈多设计师以展现木材本质肌理为核心理念，摒弃过度加工，不仅还原自然，也更能塑造出空间中的温暖印象。图片提供©大纮设计

趋势 2

经典与大胆，
重新定义木材的使用方式

使用木材的趋势可分两个走向：一是使用原始材质与最基础的色调，向经典致敬；二是强烈调整木材给人的印象，例如将其染色，赋予不同的视觉感，而在塑造经典与颠覆想法的过程中重新定义木材的使用方式。

趋势 3

环保意识影响，
回归实木材质的展现

实木一直是最受消费者欢迎的材质之一，但受到环保意识的影响，近年来在室内设计中大幅减少使用。不过凭借全球造林技术的提升以及数字计算的辅助，大为减少实木取材及在使用上的浪费，更表现出实木更多元化的自然纹理，使得实木又回归设计界。

趋势 4

善用回收角材，打造独有风格

近几年旧木角材的回收运用愈来愈受欢迎，将碎木料重新压制能为空间带来鲜明风格。另外以往木材都会经过加工，原生、表面有着毛细孔的木材十分少见，但近年来随着寻找源头与环保议题兴起，回收这类原始粗犷木材供室内设计使用蔚然成风。

保留木材原始样态，能在空间中创造独特趣味，聚集视觉焦点。图片提供©福研设计

以往木材多在顶棚、地面、壁面交错运用，然而最近中外设计师纷纷在找寻木材使用的多元可能性，不再只是平面的呈现，更是曲度与立体的呈现。图片提供©9 STUDIO 九号室内装修

趋势 5

实用性运用与装饰性角色

除了过去常见的实木建筑结构、纯木家具之外，木材被越来越多地以木皮薄片的形式运用在顶棚包覆、主墙风格塑造或局部壁面点缀等装饰方面。

趋势 6

BIM数字模型计算，呈现木材的三维曲线

木材质地较软，因此塑形性较其他天然建材高，但是在曲线设计上仍有限制，运用原本使用在建筑结构计算的建筑信息模型 (BUILDING INFOR-MATION MODELING) 数字模型，突破传统木材只能在平面或横向上的二维空间呈现，使木材呈现三维立体波浪起伏的曲面形式，让空间设计的想象更多元化。

趋势 *7*

木作施工不再局限人工，
机器人也来掺一脚

木材的呈现不再只有平面的纹路展现，而有更多想象空间。通过
计算机结构计算及数字仪器辅助，把机器人手臂引入室内设计的
一环，能突破许多人工无法做到的造型创作瓶颈。

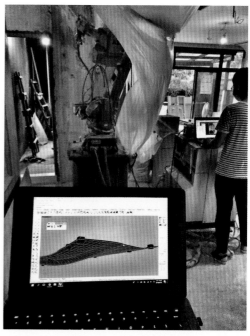

数字计算与人工智能等辅助器材，让木材的运用，尤其在造型上的发展，超出原本的想象。图片提供©形构设计

图片提供◎ 形构设计

2
Chapter

第2章

纯木
空间混材设计

图片提供©仆人建筑空间整合

要点 1. 特色说明　　　　　　　　　034

要点 2. 施工工法　　　　　　　　　034

要点 3. 规划法则　　　　　　　　　036

要点 4. 空间设计实例解析　　　　　040

要点 1.
特色说明 ───────

可塑性强的天然材质，让空间设计自然多元

木材是所有装潢材质中最软且可塑性较强的天然材质，色泽温润、触感温暖，有的还会散发原木天然香气，因此受到很多消费者的喜爱。在制成木料后，因具有毛细孔，所以有调节温度、湿度的特性，再搭配不同木种呈现独一无二的肌理纹路和色泽质感，因而能打造出温馨舒适的空间环境。但其优点也是其缺点，例如怕潮湿、易变形，容易遭硬物撞伤等，因此近年来，出现许多木材加工产品，例如木芯板、颗粒板或超耐磨木地板等，强化了硬度及防潮性。

包容性强、加工容易、运用层面宽广

木素材施作加工容易，无论塑形或表面处理，例如上色、上漆、风化、贴皮等，技术都发展相当成熟，因此运用层面相当宽广，包括地坪、顶棚、壁面以及柜体，甚至制作成家具，都能呈现出多元风格面貌。

要点 2.
施工工法 ───────

这样施工和收边没问题

· **实木贴皮施工重点**

1. 擦去施作面上的灰尘粉粒，若有坑洞，则可先补土抹平使表面平整光滑，在施作面涂上胶黏剂后粘贴。

2. 不论是哪种实木加工品都有怕潮的缺点，因此在靠近卫浴的区域，要先在木材表面或缝隙处做防水处理，防止日后变形。

3. 建议在使用实木板或风化板作为装饰时，可上层保护漆或透明漆，较不容易因毛边伤人。

· 木地板依照施工工法的不同，可分成3种

1. 平铺式施工工法：平铺式为先铺防潮布，再钉至少12mm的夹板，俗称打底板。然后在底板上涂地板胶或树脂，胶合于企口衔接处及木地板下方。通常以横向铺法施作，结构最好、最耐用又美观，能够展现木纹的质感。

2. 直铺式施工工法：灵活的直铺式不需打底板。若旧地板的地面够平坦则不用拆除，可直接施作或DIY铺设，省去拆除费及垃圾环保费，且木地板比较有踏实感。

3. 架高式施工工法：在地面不平整或要避开管线的情况下，底下会放置适当高度的实木角材。但整体空间的高度会变矮，相对而言，较费工费料，施作的成本也较高。且时间一久，底板或角材容易腐蚀，踩踏会有异样的挤压声音或音箱共鸣声。

· 木地板施工重点

1. 在铺整木地板前要注意地面的平整以及高度是否一致，建议可先整地，铺设起来会较顺利。

2. 在木地板施工前，地面要先铺一层防潮布，两片防潮布要交叉摆放，在交接处有约15cm的宽度，以求能切实防潮。

3. 选用木地板要考虑湿度和膨胀系数，这是影响木地板变形的主因。在施作时要预留适当的伸缩缝，以防材料日后伸缩导致变形。

柜体底板被设计为弧形，并让书架并排在一起，中间用玻璃层板嵌入，在彼此拼排相连的立面，用弧形木条修饰彼此的接口并与柜体弧形底板相呼应。图片提供©形构设计

要点 3.
规划法则

1. 尺寸配比

以长型空间为例，为营造动线的韵律感，计算串联每个空间的动线，从中取得一个联动的 3°，并且将概念实践在木作顶棚上，通过地上的间接照明，达到空间的光影流动效果。

图片提供©形构设计

2. 施工工法

主墙取用圆形树干的角材，先在地板上拼出想要塑造的客厅主墙面，再让木工师傅用斧头将多余树皮去除，保留原始纹路，并在墙上用不锈钢做成框架，形成拥有不同凹凸立面的特殊主墙。

图片提供©大纮设计

3. 收边技巧

一般在处理木皮拼贴时，多按同一方向处理，若遇到直向和横向交错，会设计凹槽线条做断开方式处理。以顶棚的"井"字木皮为例，以虚实修饰梁柱，在木皮纹路的直向及横向交接处，采用箭头般的指向性设计来收边及转换，既是交会的终点，也是分离的起点。

图片提供©形构设计

4. 造型创意

为了让开放公共空间质感纯
粹，又有视觉焦点，用木板
如楼梯般层叠出沙发量体，
并运用沙发椅背的最上层结
构延伸出整面的书桌木台
面，仅用玻璃桌脚及隐藏铁
件横向支撑。

图片提供©形构设计

要点 4.
空间设计实例解析

案例 1
——
不同材质搭配规划法则

木『脚印』×『稻』粉意象，『稻』映共生的朴实之家

面积：330.58m²
木材：胡桃实木、栓木、进口杉木
其他主要素材：磨石子、硅藻土、花砖、稻秆、水泥砂浆
文：李宝怡
空间设计及图片提供：欣琦翊设计
C.H.I. Design Studio

屋主因为孩子求学的问题，决定从台北搬至宜兰，寻找到这样一间位于田中央的透天别墅。由于屋主崇尚农耕的自然生活，希望搭配室外田中央的景象，并期望空间能让孩子安全地游玩及学习，所以设计师以古人生活的精神作为整体设计的概念，建筑外墙选用稻秆混水泥砂浆以融于周遭的环境之中。

室内主体平面以象征"脚印"的弧线刻画出视觉的动线，并以传统工法施作磨石子，让空间能与所在地环境产生联结。大量的落地窗，让人身处室内就能感受到四周农田环境的四季变化，同时搭配地暖设备，在采光、自然通风及地暖调节的作用下，改善气候让居住环境变得潮湿的问题。

地板展现
弧形木地板与磨石子
呈现"脚印"意象

为呼应屋主崇尚自然的情怀，因此在一楼、二楼的地面上运用实木搭配磨石子，以"脚印"的弧线刻画出视觉的动线及律动。顾及木地板容易热胀冷缩的问题，在磨石子中间以不锈钢条收边，搭配地暖设备，即使下雨或入冬，也不会让人感到寒冷，亦可除湿。

材质运用
用一块原木剖切成家具及层板

屋主寻找到一块长约2.3m,直径约0.9m的原始木材,经剖面加工后,用作餐桌桌面、二楼工作室的书桌以及室内墙上的层板等,并保留不修边的树皮及木材纹路,只涂上环保漆料,营造树木延伸的效果。

墙面设计
弧形把手设计呼应"脚印"

在通往二楼的密闭式楼梯扶手处,设计半旋转状的弧形镂空造型墙面包覆,并在内里贴上实木皮,与"脚印"木地板的弧形律动相呼应。硅藻土漆料和由稻壳磨成的粉末涂抹在墙上,不但调节空间湿度,而且营造墙面的质朴触感及视觉效果。

木纹拼接
顶棚、地板木纹不同，
拼接工法显层次

地板使用180cm×20cm且有树节的宽胡桃木，展现出天然木材纹路，顶棚的设计则采用3种不同宽度的白桧木交错企口拼贴，呈现出线条及律动。无论顶棚或地板，均以与屋长平行的方式铺设，除了可以产生视觉延伸效果，大量的纯木运用也让空间呈现出朴实的氛围。

01.

大门采用厚重的实木，并在玄关处的灰色地砖与室内"脚印"的弧形木地板接缝处，以约2cm的高低落差，区隔出落尘区和室内地坪。

02.

为方便清理，厨房台面采用人造石，并在料理台立面采用手绘花砖拼贴，营造趣味感。同时在厨具门片及中岛立面，呈现精心挑选的木纹花色，使空间视觉统一。

03. 在餐厅上方保留顶棚的7m挑高,让视野更加开阔。由原木切割板材做成的家具及层板容易变形,因此厚度需达4～5cm,在承重上需要加强,例如餐桌的铁件圆弧脚架便是量身定制的,同时和弧形木地板相呼应。

04. 从木顶棚的设计到卧房墙面的铺陈,搭配屋主挑选的实木家具,在墙上做圆弧陈列开口,更具朴实自然风格。

案例 2 ——— 不同材质搭配规划法则

曲面木格栅系统，
提升味蕾外的探索想象

————

面积：151 m²
木材：木芯板、竹
其他主要素材：钢构、石材、铁件、水泥粉光、六角砖、花砖
文：李宝怡
空间设计及图片提供：9 STUDIO 九号室内装修

在传统自助餐餐厅中，单调的取餐动线及拥挤的用餐空间，意味着再好吃的食材似乎也不过如此。因此业主想要创造一个"新鲜直送、现做即食"的用餐场域，期望能在顾客面前呈现食材从挑选、清洗到制作过程中的自然与健康两个重要的价值。设计师认为面对这样的饮食制作概念，大自然是最好的取材之源。

通过如同蚁窝的仿生建筑设计手法来铺陈空间概念，在功能上切分出取餐区的公共领域以及用餐区的私领域，以降低彼此的干扰。空间以天然材质如木材、石材、水泥、钢构、铁件等元素呈现，而且为打造出"蚁窝"的立体曲面，设计师将特殊曲面木格栅系统置入空间内，经过数字与结构精密的计算，产生一种韵律与美感，让顾客在空间游走时发现没有任何一个视角是重复的、固定的，取而代之的是一种流动的空间体验，从视觉到味蕾散发出来，尽是大自然单纯的滋味。

材质运用

曲面木格栅
呈现3D波浪

设计师模仿大自然中蚁窝的弧形设计不规则曲面屏风，先用计算机精密计算结构承重，再用激光切割木芯板得到曲线并编号，再用钢构在室内一根一根架起来，中间用桥梁卡榫强化，呈现悬空的3D曲面屏风，营造用餐区包厢的氛围。

色彩秘诀

内高彩度与
外低彩度相呼应

在曲面屏风内的私领域有一种家的意境，用色较为活泼。地面铺有不同色泽的六角砖，而在餐桌椅上用不同颜色代表不同的区域范围，以呼应温馨的感觉。相比之下，取餐区的公共领域则选用彩度较低的材质打造，例如灰色石砖、特殊金属漆面、黑色墙面等，有效将动态与静态的行为区隔出来。

采光照明

屏风下方的线带
塑造漂浮立体感

每片木作屏风的尺度很大，可轻量化视觉感受，在屏风下方嵌入 LED
灯带，灯光投射至地面，随着曲线钢构铺陈，让整个量体呈现飘浮
感。再搭配室外阳光或室内灯光投射至格栅所形成的光影，与各场域
上方圆形灯的蚁卵意象一起，为空间带来丰富的表情变化。

顶棚造型

2000个竹饭匙，
营造飞鱼意象

顶棚设计全部做漆黑处理，并将2000个染红的竹饭匙吊在顶棚上，营造在海洋里成群游动的鱼群的感觉，并引导取食的动线，映衬出餐厅取自大自然的新鲜食材意象。木格栅曲面屏风呈现出如同一个个珊瑚般的趣味效果。

01. 由于这是家港式餐厅，因此在大门口的电梯厅中以大量的花砖打造立面，并运用竹制蒸笼盖子及铁件打造出餐厅名称，而顶棚的白色浮云意象装置艺术，则为将泡沫塑料扎上束带制作完成的作品。

02. 沿着L形墙面的取餐区，从入口处依次为餐具取用区、饮料吧台区、中式热炒区、西点区等。设计的回状动线，方便顾客取餐。

03. 为呼应港式餐厅门面的复古风格，在洗手台的立面以花砖铺陈，与板
　　岩砖的朴实形成对比，并利用铁件串联起镜面，满足使用功能。

03

3
Chapter

第3章

木×石
空间混材设计

图片提供©HAO Design 好室设计

要点 1. 特色说明   058

要点 2. 施工工法   059

要点 3. 异材质搭配规划法则 060

要点 4. 空间设计实例解析   064

要点 1.
特色说明 ————

奢华大气，亦可展现质朴温馨

石材自然的特殊纹理，一直深受大众喜爱，可根据石材种类、纹路、色系挑选，因加工技术不同（从亮面、雾面到凿面、切割面），呈现出或粗犷或光洁等不同个性表情。

木材与石材的混用，彰显自然和谐效果

石材种类繁多，其中最常运用在住宅空间里的，包括大理石、花岗石、板岩、文化石和最近兴起的薄片石材。大理石与花岗石等天然石材，如鬼斧神工的纹路加上稳重、坚固的质地，常被用来凸显空间的安定性与尊贵感。其他如文化石、抿石子、磨石子等人工石材，则保有手感自然的粗犷质地，是Loft（旧仓库）风格、北欧风格、乡村风格、自然风格中常见的建材选择。

石材的无缝美容手法，让大理石之间的缝隙变得不明显。图片提供©禾筑设计

要点 2.
施工工法 ——————

这样施工没问题

·木×天然石材

在大面积铺设石材时（如地坪或壁面），基于对花纹与色泽的考虑，最好材料都来自同一块石材，才能方便进一步做纹路连续的对花处理。另外，在施作时除了泥作打底的方式之外，也可采用木作结构作为主体支撑，需注意的是一般石材本身较为脆弱，为避免在施工过程中刮伤、碰损，因此在工序上会先行完成木作，再做石材的铺贴。而在放置壁面大理石时，还要考虑承重因素，要确保挂载的工法足以支撑整体石材的重量。

·木×磨石子 / 木×抿石子 / 木×文化石

磨石子、抿石子与文化石的施工工法与天然石材不一样，其做法是属于泥作类的工法。磨石子、抿石子的材质较容易维护，加上在泥作时易有粉尘脏污形成，因此在工序上通常会排在木作之前。另外，文化石的施作方式，依施工结构而不同。若是钢筋混凝土墙，要先将粉光的表面拉毛后，才进行粘贴；若是木板墙，则先钉上细龟甲网，再用水泥胶合固定，并且在铺贴时还要特别留意水平高度是否一致。

收边技巧这样做

·木×天然石材

木作与天然石材混搭的收边，最重要的是收边接缝处的密合度以及整体水平面的平整度，避免有凹凸不平的刮手现象。施工使用的胶黏剂，要依照石材色泽深浅，使用深浅不同的硅胶并添加不同色粉，让石材的收边更美观。另外，在拼接大理石时会以无缝美容手法，让大理石之间的缝隙变得不明显。

·木×磨石子 / 木×抿石子 / 木×文化石

1. 文化石的拼贴可分为密贴与留缝，留缝也能选择是否在缝隙中填缝。收边部分，可直接以切砖方式处理，另外可以使用转角砖，更美观整体。
2. 文化石和抿石子的常见问题是在水泥间隙发生长霉的状况，在施工时应选用具有抑菌成分的填缝剂来进行收边处理。

要点 3.
不同材质搭配规划法则

1. 施工工法

壁面以手刷白色文化石呈现质朴感，而白色并非纯白，而是打造了染旧效果，给大面积白色文化石砖墙面做加工处理，放上铁件造型招牌引人注意。

图片提供©HAO Design 好室设计

2. 尺寸配比

木质地坪采用了收边条，并与玄关石材地坪有微微的高低差，这样就圈围出落尘区，并使空间内外属性更加清晰。在空间右侧堆砌出一座低矮石台，嵌上边缘不加修饰的原木台面，装点出自然质朴的氛围。

图片提供©不筑设计

3. 收边技巧

悬吊式玄关柜以木作打底，抽屉柜面由天然大理石薄片打造而成，玄关柜与抽屉柜边缘皆采用圆角收边。在抽屉柜表面黏附大面积相同石材，石纹肌理像空气般流动，整体风格展现出轻柔感。

图片提供©Luriinner Design 路里设计

图片提供©禾筑设计

4. 造型创意

客厅、厨房与钢琴演奏区为开敞格局，使空间动线自由无阻。在三角钢
琴后方，运用白色银狐大理石拼成空间背景墙，石纹向左右舒展延伸，
与弧形胡桃木顶棚塑造出优雅空间氛围。

要点 4.
空间设计实例解析

案例 1
——
不同材质搭配规划法则

日常对话

光的旅行与家的

面积：165m²
木材：钢刷胡桃木、 定制海岛型木地板
其他主要素材：卡拉拉白大理石、喷砂泼墨山水大理石、黑网石大理石、喷砂烤漆铁件、镀钛金属、黑镜、茶镜、清玻璃、特殊手工涂料、皮革、瓷砖、磐多魔地坪
文：陈淑萍
空间设计及图片提供：
Luriinner Design 路里设计

格局的设置，通常传达了某种意义，不单单是一种美学呈现，更代表着家人之间的沟通模式。抹去封闭隔间墙，让家的尺度展开，各空间以回字动线彼此连贯，运用隐藏门片、玻璃、空隙来沟通前后、相互引光。可开放/可闭合的界面衔接，即使在房子最内角也能看到外部状态，让屋主夫妻二人可以随时听闻彼此，增加心理的亲昵感与安定感。

客厅中央有着一堵白色大理石墙，作为沙发座位区的安稳靠背。事实上，大理石墙背后的空间，不仅仅是客厅的延续，扮演起居室角色，活动拉门轻轻拢起，原本的空间被收合起来，成为一间独立客房。可换位、移动、组合的定制沙发，则让屋主从不同座位，用心感受家中一景一物的光影变化，也让彼此在空间中的对话多一些。

墙面设计

直横木纹拼贴
×
局部金属装饰

在开放格局的公共区纵轴线上，有个较大的顶棚梁体，刻意在梁上做胡桃木包覆，顺着长边铺设，能强化视觉延伸感。立面主墙则以同样的钢刷胡桃木，作为顶棚与主墙的连接，采用直纹、横纹组合拼贴处理，再局部采用喷砂烤漆铁件与镀钛造型把手点缀，以避免大量使用木材带来的厚重感。

材质运用
藏在胡桃木与大理石墙 内的弹性隔间

设计师将原有的三室两厅三 卫,改为更符合实际使用需求 的格局,规划出开阔的公共区 域以及一间大卧房,客厅起居 区则通过弹性拉门,随时可闭 合出一间临时客房。钢刷胡桃 木与白色木作拉门,在平日不 用时,则收纳隐藏在木柜体与 卡拉白大理石墙内。

采光照明

玻璃×金属镶嵌，
光线前后流泻

4.2m的木质大餐桌，尾端以木作搭配喷砂泼墨山水大理石，衔接制成一个多任务收纳台，在里面配置了升降屏幕及事务机。一旁为用特殊涂料手工镘抹的隔墙，后方为客用卫浴，墙上有一道垂直镂刻出的空隙，借由玻璃与金属镶嵌，让光线前后穿透流泻。

色彩秘诀
清玻璃隔间，让灰绿柜体沐浴煦煦日光

微微带灰的绿色，不过度轻佻，作为私密空间的主要色调。特别安排灰绿色衣柜的长短筒身错落，打破一般传统上下柜的呆板线条分割，使整体看起来更和谐。主卧更衣间的走廊尽端，通过一道玻璃短墙打开视线，在行走探入的过程中，感受空间的疏紧变化。

01.02.

在入口玄关双门片中间有一条短廊道，运用茶镜反射，使视觉效果放大，拉出空间深度。在色彩深沉的特殊手工涂料背景墙上，点一盏晕黄小灯，让人在出门前心灵得到过渡沉淀。

03.

主卧与更衣间入口，以蓝色皮革打造门片，边缘以钛镜面金属收边，运用轴转式的特殊五金，可旋转打开定位。在门片上以手工铜制把手与铜色铆钉装饰，细腻沉静，中和调节一旁钢刷胡桃木的粗犷感。

04

05

04.05.
在通过带有蓝色门的入口之后，就进到回字格局的更衣间。更衣间配置黑网石大理石洗手台，方便整装梳洗，衣柜则由灰绿喷漆高柜以及铁件隔屏木柜与开放式层板组成。

案例 2

——

不同材质搭配规划法则

共舞华尔兹，谱出温润现代感与奢华

面积：208m²

木材：洗白胡桃木、人字拼木地板

其他主要素材：皮革、蒙马特灰大理石、茶镜、镀钛金属、六角瓷砖、造型壁纸

文：李宝怡

空间设计及图片提供：相即设计

屋主喜欢现代简约风格，但又想要带点儿奢华感，因此在材质选择上刻意挑选色泽较深的蒙马特灰大理石地砖呈现，并选用无纺布材质的皮革及洗白胡桃木等温润材质，中和大理石的冰冷感。同时运用深咖啡色镀钛金属做出皮革上的切割线条并收边，展现细致程度。

空间整体为长形基地。在公共空间部分，担心脚踩地板太过冰冷，地毯有尘螨问题，因此客厅、餐厅地坪选用染灰橡木的人字拼木地板拼贴，除了指引空间方向外，也让屋主在行走时，不会感觉脚底太过冰冷。且顾及未来照料孩子问题，因此将儿童房改为弹性空间，通过拉门，可以在中岛及公共区域的餐厅中照顾到孩子的活动，并在许多转角处刻意用弧形收边，例如玄关墙面、沙发边柜、餐桌椅等。

木皮拼贴
顺着动线，
变化木纹方向

一进门，必须沿玄关转90°才能进入室内空间，因此在顶棚设计上，运用不同木皮纹路引领动线方向。而简洁的横线顶棚设计正好与客厅、餐厅的弧形顶棚以及客厅人字拼木地板形成有趣的线条架构。

墙面设计

弧形收边及6cm踢脚板，
方便扫地机器人运作

为打造进门的华丽感，玄关地坪用内有云石的大理石呈现，并顾及屋主不喜锐角设计，在玄关立体墙面转角处刻意用弧形皮革收边，串联至客厅电视墙，并运用镀钛金属在皮革墙上切割出宽窄不一的线条，形成律动。而在琴房及儿童房的木格栅墙面及拉门设计上，将下方悬空6cm收边做踢脚板设计，方便未来扫地机器人运作。

材质运用

胡桃木、大理石及
皮革做温冷调和

由于采用深色大理石地板，因此在立面及顶棚的选择上采用浅色系做调整。洗白胡桃木顶棚及表面为无纺布的皮革作为门板的橱柜，与电视墙呼应，并在中间以一块大理石平面断开柜体，增添展示功能，让视觉效果不会显得沉重。同时串联起走廊的琴房门板及儿童房的木格栅墙面，并中和空间里大面积大理石的冷。

采光照明

铁丝吊灯投射光影，
凸显大理石纹路

屋主喜欢沉稳的空间风格，因此挑选色泽较深且纹路自然的蒙马特灰大理石，并将材质及纹路延伸至餐厅主墙上，运用弧形顶棚及灯槽的设计，拉高顶棚视觉。同时挑选以铁丝线条架构的吊灯，灯罩也由一根根铁丝构成，当晚上开启灯源时，灯具的不规则线条将投射在顶棚上，形成与大理石纹路相同的纹路。

01.

由于客厅电视墙宽度不足，将进出书房的门改为拉门并与电视墙采用相同的皮革面材，让电视墙由原本的260cm延展至380cm，展现出大气的氛围。

02.

卧房以木地板凸显温润氛围，在主卧墙面上，选用特殊壁纸呈现典雅风格，平顺收掉弧形的转角，更衣间门片则同样用浅色皮革架构，与餐厅主墙左右两侧皮革拉门相呼应。

03.04.

餐厅主墙右侧的门为公用卫浴的门，通过左侧则可进出私密空间。淡白色皮革及
咖啡色镀钛铁件框架，为拉门提升质感，且在公用卫浴内以六角瓷砖拼贴铺陈华
丽感，搭配木架大理石洗手台营造典雅氛围。

案例 3

——

不同材质搭配规划法则

用石纹光带，启动一场优雅的咖啡飨宴

面积：66m²

木材：白橡木、文化石

其他主要素材：铁件烤漆、耐磨地板

文：Jeana_shih

空间设计及图片提供：

虫点子创意设计

位于台北市办公商圈的一家咖啡馆，本身空间仅66m²，面积不算大，座位也不多，外观就精致如礼盒一般，能为往来行人留下特别的印象，从店面开始就吸引了路人的目光。

这是一对年轻夫妻为了共同圆梦所开的咖啡馆，店内格局十分简单，以吧台区、商品陈列区和座位区为主，动线配置壁垒分明。不过设计师在此空间中大玩少即是多、似有若无的空间魔法，借着光带、木作以及文化石、清水混凝土漆，在清爽中带出空间层次，尽管咖啡馆当初的销售定位以外卖为主，但舒适、恬淡的馆内氛围，往往吸引顾客在此久坐不舍离开。

木皮拼贴
材质拼接端景，赚来好奇目光

空间退后近30cm深度，店面上下以材质拼接出不造作的端景，上方看似轨道，其实是延伸至等候区的设计造型，使内外成为引导"网红"们自拍的热门地点。

材质运用

造型木框，创造招揽
顾客的入口场景

店面外观为商业空间最重要的第一战，是决定路人会不会成为顾客的关键。设计师以白橡木、石材、水泥粉光与铁件塑造店面的第一眼印象，入口区的方形橱窗是一个深20～30cm的木框，嵌入的光带成为十分吸睛的亮点，从橱窗内透出工作人员冲咖啡的真实景象。

墙面设计

清水混凝土墙面,
沉淀每颗悸动的心

咖啡馆内空间窄长,前端忙碌喧嚣,尽端则成为最宁静舒适的角落,因此设计师在端景上化繁为简,以清水混凝土墙面遮蔽原本杂乱的壁面,重新塑造出纯净舒适的空间。

色彩秘诀
石与木的色彩语汇，
区隔出公私领域

设计师以灰、白、象牙白文化石与浅色木材作为空间中唯一的色彩语汇，不论在吧台区、座位，甚至用餐区的背景墙上，使用的色阶几乎都不超出这些范畴，让空间显得清爽轻盈。且由于考虑到店面能提供包场服务，因此架高座位区的地面，在墙面上涂鲜艳的颜色来界定空间，意图区隔出公私领域。

01.

在吧台区，从点餐柜台经工作台一路向后延伸，带出空间动线，简洁的白色木构柜台与清水混凝土色调的背景墙相呼应，同时白橡木柜体的木材纹路调和建材的冷硬，搭配咖啡香气成就完整的视觉与味觉飨宴。

01

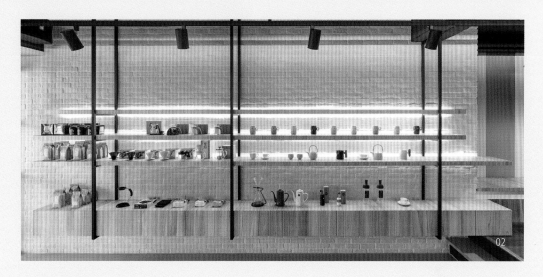

02. 正对着吧台区的文化石墙面，除了用铁件支撑悬吊外，也刻意将木作层板与墙面保持缝隙，乍看下仿佛为长形秋千，缝隙正好适用于隐藏LED照明，让视觉效果显得轻巧。

03. 细瞧等候区的椅凳仅以单边铁件维持重心平衡，木条向上延伸，围绕整个墙面至屋檐形成有趣的木构，仿佛表现出自外而内把客人引入店内的意图。

4

第4章

木×砖
空间混材设计

图片提供©大纮设计

要点 1. 特色说明   O90

要点 2. 施工工法   O91

要点 3. 异材质搭配规划法则   O92

要点 4. 空间设计实例解析   O96

特色说明 ⎯⎯⎯

砖材跳脱过去框架的多元发挥

木材材质较软且塑形容易，因此被广泛运用在各空间中。砖材因其坚硬和冰冷的特性，在空间使用上较常运用在地坪、厨房、卫浴等。根据材质及呈现方式，砖材大致分为两类。一类是透心石英砖，像马赛克、抛光石英砖，基本上表面较无法做太多变化。另一类为不透心砖，如瓷砖（花砖或陶砖）、石英砖、红砖等。随着印刷技术的发展，砖材的种类与花色有了更多选择，例如仿大理石砖、仿木砖等，运用手法跳脱框架，有更多元的发挥。

思考需求，营造1+1＞2的空间效应

当木材与砖材这对相异材质搭配时，先要思考使用需求，其次考虑风格，才能发挥两者材料的长处。例如陶砖与木材搭配，最能展现具田园气息的乡村风格，裸露红砖搭配实木则能共生出空间里的复古风味。

由于花砖嵌入桌面的设计是平面处理，因此可以用相同色系的填缝剂固定衔接即可。图片提供©大纮设计

要点 2.

施工工法

这样施工没问题

1. 当砖材与木材搭配时，铺砖属于泥作，因此通常会先进行砖材施工，最后再进行木作。二者若同时作为地坪建材搭配，在施作完铺砖工程后，木地板需配合砖材的高度施工，以维持地坪的平整。实木地板、海岛型木地板、海岛型超耐磨木地板等则多采用平铺施工，在和瓷砖或抛光石英砖的衔接处，要事先预留好高度，方便作业。

2. 当将瓷砖嵌入桌面时，先计算桌面长度及能放入的花砖的长度及宽度，再将木材刨出与花砖相同的厚度，将花砖放入并用白色填缝剂固定衔接。若将花砖贴覆在墙上，则建议使用干式施工工法，增加花砖的附着力，避免发生掉落的危险。

收边技巧这样做

1. 木材与砖地板用收边条收边。如果选的是进口的超耐磨密集板，由于四周需要预留一个板材厚的伸缩缝，所以在和抛光石英砖衔接的地方，会用收边条来遮盖预留的伸缩缝。在材质选用上收边条有PVC塑钢、铝合金、不锈钢、纯铜、钛金等金属，让视觉看起来更为美观与协调。

2. 木地板与砖墙用硅胶收边。砖墙的粗犷原始风貌很受现今消费者喜爱，因此出现许多砖墙搭配木地板的空间设计，如新砖墙面，可以通过计算，将木地板铺设在最后一层砖的底部来衔接收边，会比较美观。

3. 木材与抛光石英砖，采用分离设计收边。并非所有木墙跟抛光石英砖都很搭配，一般建材公司赠送的抛光石英砖很难能找到合适的木色来搭配，这时会用分离设计手法，例如架高木地板或在墙角设计内凹大约6cm的踢脚板，让木墙与地板分离，各自呈现各自的色彩，互不影响。

木地板最怕水汽，因此与砖墙衔接的墙角可用硅胶收边，防止水汽渗到木地板的基底。图片提供©大纮设计

要点 3.
异材质搭配规划法则

1. 施工工法

运用宽度及深度均为 2 cm 的长条木格栅打造空间的顶棚及墙面，并做大面积覆盖，能达到最好的视觉效果，人行走在此，会感觉到墙面上的阴影律动，而尽端以40cm×90cm的瓷砖拼贴，成为稳定力量。

图片提供©形构设计

2. 收边技巧

当抛光石英砖找不到合适的木色搭配，能运用铁件将木作家具以分离设计收边方式与砖色地板隔开，并在餐厅主墙面上以直条木纹延伸至顶棚做带状设计，再用灯槽营造视觉律动感。另外 FLOS 品牌斜杆灯具能为直线空间带来有趣的线条变化。

图片提供©大纮设计

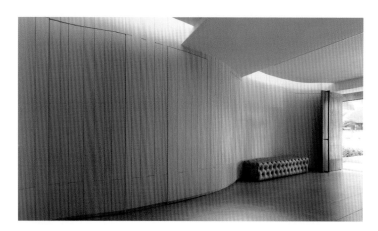

图片提供©大纮设计

图片提供©形构设计

3. 尺寸配比

在大尺度空间里，切忌做太多小尺寸切割面。通过计算机计算图样，将大理石花纹印刷在3块白色砖面，拼出150cm×300cm的大面积门片，并做两扇呈现，嵌入木框再与旁边木作柜体融合。

4. 造型创意

为改变一般医美中心的冷调感，刻意选用曲板设计出有弧度的墙面，且诊间的门片随墙面打造出曲度，使空间呈现波浪感，并搭配地砖产生柔和的空间视觉。

要点 4.
空间设计实例解析————

案例 1

仿旧实木、窑变砖、弧形门窗，
重置意大利庄园派对场景

面积：445.5m²

木材：黄桧刷旧、杉木实木板、藤、超耐磨木地板、木芯板

其他主要素材：意大利进口窑变砖、木纹砖、水泥、铁件、文化石、皮革、磨石子砖、布织品

文：李宝怡

空间设计及图片提供：HAO Design 好室设计

这是一家专卖现做手工比萨的餐厅，设计构想取自在意大利庄园中用餐的氛围。建筑立面运用弧形门窗及小木屋剪影，室内则大量选用自然材质以仿古手法呈现，例如老木、仿古瓷砖等，并搭配绿色盆栽与布织品，让人仿若进入另一国度享受美味的意式手工比萨。

一楼入口以一扇工法细致的生铁大门，搭配在地面铺排的窑变砖描绘欧洲街景，再以弧形开口，让人看见内部的比萨窑炉和整个窑烤过程，加深对食材的安心感。二楼设定为大自然的野餐情境，通过不同高低的地坪区隔出不同区域：架高木地板的亲子区、布置马车意象和麻质织品的室内野餐区。三楼则采用磨石子砖及裸露顶棚设计，搭配小帐篷、露营折叠椅，营造野外露营的氛围。整个空间由采光充足的回转楼梯串联，领人进入每层不同的空间叙事情境。

木皮拼贴

顺结构纹路展现自然氛围

大量运用木皮拼贴来区隔空间区域。顶棚部分顺着建筑结构呈现不同线条，展现自然的手工制作感。二楼临马路窗边的架高木地板区，则以不同纹路拼贴木地板，低矮的桌面混搭色彩丰富的墨西哥花布与日式织品做成的坐垫，让小朋友能随处走动爬行，不受束缚。

色彩秘诀

大地色系及染白处理打造怀旧视觉

运用大地色系与灰、白搭配。木材头保留原木色系，仅在局部如廊道染上两层深胡桃木色作为区隔，在染料干后，年轮纹路加深。至于白色不是纯白，而是染旧的效果，入门处的大面积白色文化石砖墙墙面是经加工处理做出的效果，同时铁件造型招牌引人注意。

材质运用

黄桧拼板×窑变砖，营造意式酒馆氛围

空间里大量运用自然材质，例如黄桧拼板顶棚，刻意刷白漆是因材质吸水能力不同，会出现深浅不同的表面，搭配裸露的水泥梁柱呈现出复古的空间感，地面铺陈不同色泽的意大利进口窑变砖。用餐区略带昏黄的灯光布置，满足商务会客和情侣约会对用餐氛围的需求。

墙面设计

木材与多种材质混用，
区隔楼层的空间表情

整层楼墙面皆采用一片片手刷做旧、染白的杉木实木板，让空间更显明亮有层次感。为区分三层楼各个不同空间的表情及客群定位，因此运用不同的墙面设计来呈现。一楼手刷白色文化石呈现质朴感，搭配仿布的皮革长椅，带出酒馆的氛围；二楼视觉主墙则运用

红砖墙面及野餐的绘图，搭配麻质长椅，另一侧则运用藤蔓、布幔
及木条长椅呼应亲子共享野餐场景；三楼水泥仿石砖墙搭配帐篷、
藤椅等塑造露营野餐气氛。

01.
餐厅一楼门面以铁件搭配强化玻璃引进采光，而入口的生铁大门搭配地面铺排的窑变砖、墙面的白色文化石、仿布的皮革长椅及麻质座椅，描绘出欧洲街景意象。

02.
整个立面的设计构想来自意大利质朴又绚丽的小房子，因此在建筑外观上，铁件窗框及斜顶房屋的剪影，搭配灯光的投射，营造吸睛的视觉效果。

04.

三楼的实木元素有所减少，只用于局部地板、百叶窗边及夹板包覆的柱体，水泥顶棚、仿洞穴壁面的墙面、弧形门，搭配有线条的麻绳吊灯及树藤设计，创造出空间的粗犷感。

03.

靠近一楼橱窗处的"小市集"，贩卖橄榄油、面条、酒醋等意大利食品，后方的回旋梯串联起空间的垂直动线，再装饰白色铁网及绿色藤蔓，营造空间绿意。

5

第5章

木 × 水泥
空间混材设计

图片提供©SOAR Design合风苍飞设计＋张育睿建筑师事务所

要点 1. 特色说明   106

要点 2. 施工工法   107

要点 3. 异材质搭配规划法则   108

要点 4. 空间设计实例解析   112

特色说明 ——————

朴实粗犷且带有冷硬印象

水泥是以石灰或硅酸钙为主原料，与水、砂砾等混合凝固硬化后则成为混凝土，可作为建筑结构性的材料。依矿物组成的不同，水泥有不同的种类与用途，但外观都拥有厚重、坚固、原始的特性，应用在空间设计中会呈现出朴实粗犷且冷硬的视觉感受。

木材与水泥展现空间中的材质张力

由于水泥施工有一定的难度，外观、色彩较受到限制，这些特性刚好与较具温润质感、可塑性强且种类繁多的木材相互补，因此水泥与木材搭配，冷硬与柔软的鲜明对比，经常被设计师运用在空间表现上，早期多用于商业空间，借由木材与水泥展现空间中的材质张力，近年则广为应用于小店面、家居设计中，通过水泥、木材的原始质感展现不刻意修饰的自然原貌。

水泥往往给人粗犷、不经常修饰的印象，运用在空间中反而更能让视线聚焦于其他事物上，能轻易塑造出想要的氛围。图片提供©SOAR Design合风苍飞设计+张育睿建筑师事务所

要点 2.
施工工法 ————

这样施工没问题

·木×水泥

1. 当两种材质搭配时，需精准规划，以泥作为主，木作为辅的施作工法，才能避免不可抗的变化因素。木材原料来自自然山林，为了便于施工，往往先就地制成固定规格尺寸的板材，再进行事后加工，与水泥就地塑造的工法全然不同，且混合了砂、石、水的水泥易因组成原料的不同，在施工过程中容易有不可预期的变化。

2. 水泥，不同于拥有天然形体的木材。水泥原料来自各种矿石与水的混合，在施作上需在现场灌浆塑形，与木材搭配可适用于大面积的墙面、地面或台面。木材施作容易，可与柜体、门板等互为搭配。

3. 当以水泥施作地坪时，需特别注意施作前的清理与基地的湿度、粗坯打底和粉光层的厚度。相对于木材，水泥施作难度高，后续修改弹性不足，在施工前需详细规划流程，并预留木作位置。

收边技巧这样做

·木×水泥

1. 掌握温度、湿度才能完美衔接异材质。木材容易因温度或湿度的不同而有收缩或膨胀的变化，在收边时得预留8～10mm的伸缩缝，当与水泥材质搭配时，许多设计师多会采用不刻意收边的方式，仅将切面贴齐或运用边条修饰；若水泥切面较不规则，则可用透明填缝剂作为细节的补强。

2. 创造全然贴齐的水泥台面。由于具有坚固、耐磨损的特性，水泥被广泛用于餐厨台面，通常采用清水混凝土工法施作，转角则需精准切面收边，若与木材配合，则会以胶合方式将事先预制的木作与水泥接合。

不同材质搭配规划法则 ——

1. 尺寸配比

在从大门处到屋内的玄关动线中，落尘区以高度耐脏耐磨的水泥为主材质，运用水泥液态至固态的特性制作有趣的拓印，再衔接10mm厚的木地板作为场域区隔，利用相异材质创造简单切换的效果。

图片提供©虫点子创意设计

2. 施工工法

整间卫浴以水泥为表面材，洗手台则由水泥灌模制成，在卫浴外则用木材质元素修饰，让空间在冷暖中取得平衡。

图片提供◎虫点子创意设计

3. 收边技巧

串联客厅与后方的卧榻区域，设计师选择水泥灰为主墙面主色，呼应纯净的白色柜体，临窗区以白橡木构建出窗框，扩大视觉效果与收纳功能，在自然光的提味下成就最舒适自然的居家场景。

图片提供©一它设计

图片提供©大湖森林设计

4. 造型创意

在大面积的空间中运用材质的天然肌理，最能烘托出空间立面的气势以及
场域氛围。运用木材角料压制形成特有木纹墙面，呼应未经修饰带有钢痕
的水泥顶棚，在多元纹理背景下塑造出宛如艺术作品般的空间。

要点 4.
空间设计实例解析 ____

案例 **1**

木材混搭清水混凝土，
创造满满的幸福日式住宅

面积：72.6m²
木素材：超耐磨木地板
其他主要素材：清水混凝土
文：Jeana_shih
空间设计及图片提供：虫点子创意设计

在原屋室内如果刻意打造出三室二卫的空间，显得拥挤窒碍，又考虑新婚小家庭。其实没有三室需要，因此着手调整成二室二卫加一储藏间的格局，在勇敢舍去房间之后，得到的是后阳台充裕的绿景与自然光线，像是幸福版的杠杆原理，仅微调小处换来巨大的美好生活。

在材质方面，设计师亦以少即是多为原则，减少不必要材质和多余的色彩，在自然光充裕的情况下，空间愈是素颜，愈能展现质朴之美，因此卸去缤纷多彩的立面，选择以几近无色的淡灰清水混凝土为基底主色，搭配明亮的橡木装潢，塑造出简约清朗的幸福空间语汇。

色彩秘诀
空间低调不失明亮，
少即是多的思考法则

面积有限的室内想要尽可能地削弱局限感，扩大空间视觉，每面墙、格局配置甚至家具软装的搭配就显得格外重要。客厅以大量灰阶清水混凝土质地搭配低彩度家具，地板与柜体材质亦避开花哨纹理，让空间低调不失明亮。

墙面设计
木作洞洞板的质朴手感,
带出收纳功能

中岛侧边的造型墙面是由木工师傅一个洞一个洞手工钻出的洞洞板,比起激光切割,更具手工独有的温润,洞洞板本身功能妙用无穷,且能通过悬吊挂架创造有趣的收纳风景。

采光照明

清水混凝土×铁件，
打造轻Loft木空间

延伸客厅背墙，主卧房门与储藏间的门同样以清水混凝土上漆，拉长空间公共领域，并刻意以色温较高的暖黄灯光作环境照明，让隐形门片在开合之际带有魔幻色彩，与灰色完全契合的是黑色铁件，不仅没有视觉负担，反而多了时尚语汇。

材质运用

清水混凝土素坯质感，淡化大梁压力

房间以清水混凝土涂料加上原木质感床头柜，简约构成睡眠天地，床头上方大梁下压，设计师选用白色夹板打造斜面顶棚，淡灰与自然木色的拼色组合，也带出清新舒爽的日系风。

01. 碍于客厅空间的原始格局，限制了人们的活动空间，设计师以铁件结合木作量体，让沙发面对电视的场景能单纯简洁，鞋柜则与电器柜结合，塑造空间整体性，成功拉大格局视野。

02. 卧房中不能缺少大量的衣物收纳，设计开放式顶天立柜作为收纳载体，搭配窗边卧榻收纳，清爽明亮的木色在清水混凝土对比下显得温暖，房间功能也更强大。

03. 卫浴面积并不宽裕，因此尽量减少色彩的运用，地面材质为特殊造型砖，沐浴间则用黑色雾面马赛克砖来防滑。

04. 设计师拆除隔间墙，释放出窗边原有的光线与绿意，以中岛串联长餐桌创造出更长的动线。多出一个临窗的书房，打造出用餐、看书和工作皆适合的惬意空间。

零矫饰素坯材质，
还原家的本质

面积：132m²
木材：香杉实木、白橡木
其他主要素材：莱姆石水泥、黑铁件
文：Jeana_shih
空间设计及图片提供：SOAR Design 合风苍飞设计＋张育睿建筑师事务所

所谓的"家"，应该是什么样子？由建筑师张育睿率领的合风苍飞设计团队，在接到这个位于三楼的"树梢屋"项目后，着眼于居住者一家四口的家庭氛围，及新成屋房型本身具备的光线与窗景，深深思考四方水泥墙面之下属于"家"的定义，最终褪下了五颜六色，放弃了多余的矫饰与设计，简化格局，打开光线，同时让所有材质都回到素坯原点，用最自然的方式还原"家"的本质。

"我们以'纯粹'为设计核心，让空间环境尽可能沉淀，让注意力能重回生活及家人身上。"设计团队从选材上下足功夫，以莱姆碎石作为壁面原材，带有色阶层次的香杉实木提升温润，黑铁件中和了空间里的冷暖；除此之外，看不到的地方收纳了琐碎零散，一路到底的窗释放了光和风，减一分太少，增一分太多，恰到好处，也正是给屋主一家人最美好的生活礼物。

材质运用

**仿泥作中岛×砖构餐桌，
展现个性对比**

为强调空间中的自然气息，壁面材质回归原始，运用泥作工法打造自然水泥质感墙面，地板则为实木。厨房中岛亦比照水泥工法塑形制作，并串联极薄但坚固的砖构餐桌，让开放式的餐厨空间成为客厅中低调但个性十足的端景。

墙面设计

**特殊壁材描绘
穴居般自然生活**

将莱姆石磨碎和水以固定比例形成泥状材质，在底漆上涂布2～3层，形成厚达3～5mm的墙面，呈现出低彩度、低明度但比水泥更有温度，更具手感的效果，这样的材质不仅拥有亚光的质感，同时本身的极细小孔隙易能调节环境湿气，更增舒适度。

采光照明

**不过分抢眼的光线
是最美好的绿叶**

考虑空间中大量采用了不易感光的特殊泥作墙面,迎光面应尽可能地设计开窗让光线进入室内,以避免室内自然光不足,照明则以投射灯光展现壁面凹凸的手感纹理,再辅以间接光源提升亮度,塑造温和光线。

木皮拼贴

**立面横直拼法，
突显视觉层次**

迎合素坯低彩度的墙面与室内空间，特别选用带有深浅色阶与自然节眼的香杉实木作为素材，应用在临窗台阶与部分家具上，修饰灰白色阶带来的冷硬感，展现温润感，地板、台阶与立面横直拼法错落，让空间更显视觉层次。

01. 打造为客厅区域的另一处"儿童游乐区"，考虑客厅是全家人相聚、互动的核心区域，设计师不做电视墙，反而做了简单趣味的小夹层，提供孩子在此爬上爬下玩耍，消除大梁下的压迫感。

03.
卫浴空间将淋浴间、厕所以玻璃门一分为二，不规则弧形浴缸以混凝土泥作工法手工定制，并制作凹槽座位，即使在浴缸泡澡也能从另一侧入口与家人互动。

02.
餐厅区域为客厅之外全家人经常互动的第二个重要核心场所之处，这里用设计中岛串接餐桌，形成长条形动线，小吧台及厨房料理热炒空间则嵌入壁内侧边，以细铁件区隔，维持整个端景简约而纯粹的一致性。

6

Chapter

第6章

木 × 金属
空间混材设计

图片提供©禾筑设计

要点 1. 特色说明　　　　　　　　　130

要点 2. 施工工法　　　　　　　　　130

要点 3. 异材质搭配规划法则　　　　132

要点 4. 空间设计实例解析　　　　　136

要点 1.

特色说明 ————

金属韧性强，能随意打造成各式造型

室内装修常用金属材料，主要有铁材、不锈钢，以及铜、铝等非铁金属。这些金属韧性强，可凹折、切割、凿孔或焊接成各式造型。此外金属为了防锈，表面多半会做各式处理；除了喷漆，还有各种电镀加工，来产生不同质感与颜色。钛金属质轻，延展性佳，硬度高，经过不同的加工处理，会让镀膜呈现黑、茶褐、香槟金、金黄等颜色，亮度高且多样的色泽使镀钛逐渐成为设计中重要元素之一。

木与金属营造视觉冲突亦提升温度

过多的金属建材容易使空间显得冷冽，这时如能加上自然而温暖的木素材调和，除了丰富空间设计，也增添人文气息。为了展现空间个性，较常使用铁件、不锈钢或是镀钛来和木素材搭配组合，值得一提的是，贵金属如金、银、黄铜在空间的使用上还是相对较少的，而是选相似颜色的金属来呈现。

要点 2.

施工工法 ————

这样施工没问题

1. 木材与金属接合时预留一定空隙才不会因为热胀冷缩而挤压变形，而一般木材质分为夹板如海岛型木地板等合成材，软木如杉木与松树等，硬木则有相思木等3种类别，因为夹板已经先行加工不用留有空隙；软木建议留0.5cm，硬木则要注意固定方式，背面的固定件要确保尺寸相同，避免扭曲变形。

2. 木作与金属两者施工的方式必须依照设计者的需求而定，二者之间可运用胶合、卡榫或锁钉
等方式接合，有些甚至运用了2种以上工法来强化金属与木素材接合的稳固性。

3. 当运用铁制架构接合木层板的书柜时，施工人员会将符合空间尺度的定制金属骨架固定于墙
面或地面上，再将木板锁在层板位置；而相反也可以用木材质作为骨架，再以铁片作为层板
或利用金属边条保护木材质或装饰效果。

收边技巧这样做

・木 × 金属

1. 金属在与木材质搭配使用时，常会使用坚硬、耐磨的金属为质地较软的木材质收边，因此
坊间有各样的金属收边条可供选择。而如果希望在木墙上加上金属结构的柜体，这时要考
虑墙面的负重问题，木墙是不是能支撑柜体的重量。一般会建议可将金属铁件直接栓锁进
泥墙，或以木角料固定在墙内，接着再将开孔的木皮或木饰板覆上墙面，收边可以用五金
盖片修饰，也能达到补强的效果。

2. 木与金属的搭配不得不提的还有五金配件，其具有串联与强化结构等功能，是赋予设计功
能最有力的利器。想要确认工法细致度，观察木建材的转角处理是个好方法，45°切角的
收边效果最好。

金属收边铺贴工法分有横贴、纵贴、斜贴
等，会呈现不同的视觉感受，例如横贴具有
放宽效果，纵贴可以拉升屋高，斜贴则增添
空间活泼感。图片提供©开物设计

要点 3.
异材质搭配规划法则

1. 尺寸配比

在以大量木材质包覆的空间中，搭配烤漆铁件制作的表示层架，2：1：1 的恰当比例拿捏让温润木材与冰冷铁件之间达到和谐，也更符合屋主期待的与众不同的空间个性。

图片提供©石坊建筑空间设计

2. 施工工法

悬空设计的整座书柜固定于天花板之上，并运用上下双层的木板包夹住横向的书柜层板，而烤白处理的薄钢板则撑起书柜的纵横架构，视觉上看来像是将木板直接与铁件黏着，整体给人呈现轻盈感受。

图片提供◎森境+王俊宏室内装修设计工程有限公司

3. 收边技巧

日式料理店的吧台，座位区的台面选用桧木，在用餐时无论是视觉、嗅觉、触觉都能得到满足，而工作区使用富美家的木纹美耐板方便清理，保持卫生。并在其中运用灰黑镀钛板收边作为摆盘区，并且形成场域区隔，且与天花板互相呼应。

图片提供©方尹萍建筑设计

4. 造型创意

复层建筑中楼梯常会给予空间压力，给视觉带来巨大量体感受。因此在此空间中设计师简化钢构楼梯的线条，并运用背景墙大面的钢刷木皮柜体为视觉自然舒压。

图片提供©森境+王俊宏室内装修设计工程有限公司

要点4.
空间设计实例解析____

案例1

航向大海，
在家中找到探险与爱的真谛

面积：92.4m²
木材：木作、实木地板、实木皮刷色
其他主要素材：镀钛金属、绒布
文：张景威
空间设计及图片提供：开物设计

因为屋主喜爱航海，在周末休假时常北上出海，设计师便以航海中的船舱和大海为空间意象，并将男主人喜爱的"英式俱乐部"作为设计概念。

原始空间是常见的四室两厅的房型，设计师拆除一间房扩展为公共场域，打开大门廊道走进室内，两扇拱形窗映入眼帘，细纱窗帘飘逸宛如将人带入航海的记忆当中；大片的湖水绿色迎面袭来，其运用在不同材质的展现与家具的搭配中可以让空间增添层次，使用大片的深色木皮则完美打造俱乐部氛围，另外金边与天花上的镀钛线条勾勒空间优雅。

地板展现
**人字拼木地板
赋予浓厚复古味**

空间以弧形天花板与拱形门窗传递航船语汇，细腻的金属勾边则提升空间质感，并运用大面积的木材质，让人有身在船舱航行大海之感，而地坪则采用较深色的人字拼木地板，赋予空间浓厚的复古气息。

墙面设计

镀钛勾勒展现细腻,
传统色调中见新颖

设计师选用镀钛金属为木材质勾勒线条,在空间中展现细腻感。如果想要传递经典复古的精神,一般会在空间选用桃花心木,但此处主卧墙面使用较现代的沙比利木皮,其色调犹如桃花心木,让室内铺陈经典俱乐部印象,然而仔细观看木质纹理却见新颖。

材质运用
幽暗至明亮的
视觉印象

玄关廊道运用几盏散落的嵌灯，灯光打在木质墙面上，进到眼底则为有点过曝的白纱拱窗，这样由幽暗至明亮的过程，赋予空间柳暗花明又一村的视觉印象。餐厅背墙有大面湖水绿绷布，并与同色餐椅相呼应，而金属喇叭灯搭配人字拼木地板展现出的细腻雅致，为不同材质为空间带来层次。

01

01. 原本建材商设计了尺寸过长的玄关，但反而成为本项目的设计特色。运用廊道转换心情，最后进到眼底的是拱形窗搭配白纱窗帘，徐风吹来宛如站在甲板上，唤起主人脑海中的航海印象。

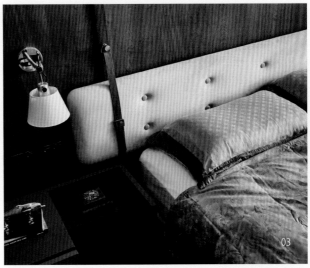

02.03. 主卧灰蓝色调打造舒适睡眠场域，床头的白色绷布床板交织皮革装饰，展现出空间典
雅，而延续公共空间的弧形天花则利用其造型巧妙隐藏空调出风口，让人躺在床上时不
会正面吹到冷风。

04.
白底、灰纹理的大理石
打造壁炉基底与餐桌台
面，映在湖水绿上，犹
如海洋中激起的浪花，完
整实现空间海洋意象。

案例 2

面对客户群，
运用异材质赋予空间不同印象

贝拉维塔店（p.144图）：
面积：247.5m²
木材：实木木皮
其他主要素材：金属板材、石
纹砖

忠孝店（本页图）：
面积：217.8m²
木材：木作喷漆、木地板
其他主要素材：金属铁件、
石材

文：张景威
空间设计及图片提供：
石坊建筑空间设计

位于贝拉维塔百货的发廊主要客户年龄为30～50岁，加上店面为高级百货的门面的一部分，因此设计师以富奢元素打造进门入口。弧形门面令人眼前一亮，而柜台以斜型石材营造形体上的反差，壁面运用黄铜色镀钛板和雕刻白石材搭配，而旁侧的石纹与地坪的木纹砖则给人温润感受，并让空间具有冲突美感。

另外一间忠孝店的设计则另有一番样貌，因为位于东区，客户比起店的较为年轻，设定以黑白现代风格为主轴，而此间发廊是街边店且位于巷子内，为了让预约客人能很快找到店面，正方形的入口玻璃门运用金属铁件框打造出几何线条，立体雕塑柜台与天花板相呼应，从门外看来犹如一幅大型艺术作品，吸引目光且遮挡座位区，保护客人隐私。

材质运用

黄铜镀钛×实木塑造
视觉冲突

位于店入口，柜台壁面运用黄铜色镀钛板和雕刻白石材搭配给人豪奢意象，和旁侧温润的实木木皮与石纹砖形成视觉冲突。

采光照明
如繁星般的照明
更显立体有层次

顶棚使用嵌灯照明，不规
则犹如繁星般的设置光线
照射在柜台与木地板时呈
现光影，更显立体有层次。

色彩秘诀
浅色木地板的
选色辅佐

考虑到发廊染发时座位区有正确选色的需求，因此中间设置白光LED灯来
照明，且光源由后方照在顾客头上，美发师也不易因站着形成阴影，而浅
色木地板让空间显得明亮宽敞，并间接与空间内其他色彩相协调。

地板展现

木地板视觉温润,
好清理

虽然空间意象以黑白为主色的现代风格为主,但如果地坪选用黑或白色反而不易清洁,视觉上也过于冷冽,因此选用易于清理与温润的木地板呈现。

01.

发廊位于高级百货门面位置，因此柜台设计选用金色为主要色调打造奢华氛围。镀钛金属与灰黑纹理的雕刻白石材壁面，以不规则排列拼贴出空间律动。

02.

等待区以折纸为概念打造，犹如大型雕塑，第一折形成右方的座位区，再往上一个折角则为左边的商品展示架。

03

03.
美耐板打造的几何造型杂志柜让清洁
更为方便。除摆放杂志外，后方亦是
备品摆放柜，并运用其隔出的空间作
为洗发区域，且采用柔和的间接灯光，
营造客人洗、护发时的放松氛围。

04

7

Chapter

第7章

木 × 板材
空间混材设计

图片提供©云邑室内设计

要点 1. 特色说明   154

要点 2. 施工工法   155

要点 3. 异材质搭配规划法则   156

要点 4. 空间设计实例解析   160

要点 1.
特色说明 ————

可塑性与价格优于真实木素材

原木材质温润的质地一向被广泛使用于各种商用及居家空间之中，然而考虑部分木素材产量有限，不同种类亦有不同硬度，影响可塑性与价值，因此同中求变，运用木材质开发出各种板材，依压制方式不同而有不同类别。

节省预算考虑的替代方案

板材包括夹板、木芯板、塑合板等，采取使用部分原木，部分板材的做法也能使空间有更多变化，实现设计师的各种创意；而由于纯木头与板材呈现出的质感、色系几近相同，对于有预算考虑的屋主来说，板材的出现可说是一大福音，部分板材表面同样拥有丰富纹路，在空间中不仅可减少后期加工的成本，也更易随心所欲塑造出想要的样貌。

运用硅酸钙板的高度可塑性，能在空间中打造有趣的端景与质感，特别适合商业空间使用。
图片提供©福研设计

要点 2.
施工工法 ——————

这样施工没问题

· 木×板材

1. 胶剂的选择和成分区别。尽管不同材质的素材属性各有不同，但作为空间设计需要，拼接时施工的法则是共通的，不论是何种木板材，拼接时的黏合过程都不可马虎。以固定板材而言，施工方式皆强调胶剂的混合，而接合的胶材中，白胶价格便宜但缺乏稳定性，且不耐用；防水胶与万用胶因其实际的防水效果好而广为使用，但价格也较白胶高。众多胶剂中也要了解胶剂的成分，避免选择含有有害健康物质的产品。

2. 板材与木地板施作的顺序。若板材为隔间墙，在施作木地板时施工的先后顺序就显得重要，一般而言要先做好隔间墙，再进行木地板铺设，最后进行收边加工，才是最稳当的工法。

收边技巧这样做

· 木×板材

1. 木板材与一般木材的收边方式雷同。大多会分为板材收边、金属收边、间缝收缩等，可依所使用的木种板材寻找相近色的边条，通常材质愈厚重的价格愈高，选购时也要挑选能与板材相近、不冲突的材质搭配，维持视觉的一致性。

2. 隐形收边需要更平整妥善处理。想要将木材与板材进行不带痕迹的"隐形收边"，运用硅胶、填缝剂也是不错的方式，只是收边时要注意整体是否平整贴合，转角度的收边也需使用专用胶黏合，无论转角或是材质之间的接缝处，都要注意精准接合。

要点 3.

异材质搭配规划法则 ————

1. 尺寸配比

开放式餐厅区域，中岛侧边以顶天立地的OSB板构筑的墙面作为空间
端景，由于OSB板是经由木材交叠交错再经高温压制而成，保留了鲜
明的色阶，在空间中对比清爽无瑕的温润的白木色餐桌，白木色营造
出令人印象深刻的用餐角落。

图片提供©虫点子创意设计

156

2. 施工工法

木材由于具有独一无二的天然纹理，总能借由材质肌理塑造各种空间视觉效果，本项目以多色阶的钢刷梧桐木作底材，经手工切磨出斜度后再用作拼板，让墙体从平面走至立体，营造出有如森林般的自然场景。

图片提供©大湖森林设计

3. 收边技巧

既想透过原始材质塑造出空间的自然恢宏，又担心略为单调，可以运用木材与板材的特性纹理，从天、地、壁的立面构成中做各种有趣变化，横接、拼、人字拼等，来展现出空间中深浅错落的细致层次。

图片提供©大湖森林设计

图片提供©福研设计

4. 造型创意

运用板材本身的高可塑性，做出千变万化的效果。采用硅酸钙板交错设
计，创造出犹如编织纹理的天花板，嵌入空调与照明，搭配木材质家具
与造型木作饰材，让空间显得更宽阔。

要点 4.
空间设计实例解析_____

案例 1

实木拼接，打造隽永大器的艺术宅邸

面积：198㎡
木材：欧洲进口实木、硅酸钙板、板岩砖
其他主要素材：大图输出壁纸、铁件
文：Jeana_shih
空间设计及图片提供：云邑室内设计

名为"海马体"的居家设计案例，最重要的设计核心在于客厅空间所使用的古老木材拼板，材料来自欧洲，全部木材都有着珍贵的岁月刻蚀，所构成的纹理、画面、色泽都不相同，就像深藏在海马体里，有着不同时期阶段的记忆。

然而设计师说道，当初首批老木件来自古建筑横梁，上头斑驳刻损强烈，并不全然适用居家空间，到了第二批才真正符合需要，因此不但以斜拼方式运用于地板、客厅背景墙，还延伸出其他能与之和鸣的设计，整个空间的构筑看似简约低调，却有着极其隽永的韵味。

地板展现

相异拼法交错带出空间纹理

客厅地板、电视墙面选用年代久远的欧洲老木材，采用"斜式鱼骨拼"的手法呈现木材深浅色差，在日光反射下如同钻石切面，产生目不暇接的古典纹路，衬托地板的不凡气势，电视主墙面采用"直木拼法"将视线引到地面，完成顺畅的视觉动线。

色彩秘诀
上下、左右
充满设计细节

选用比地板再深一色阶的木材作为墙面选材，但不做满墙，在下方稍留出空间，让立面得以喘息，赋予下方电线收纳机能。左右铺陈到底的直木条烘托出大器、沉稳的宁静氛围，壁面木材远观看似一致，细看则能看到钉孔、锯痕，处处展露岁月刻蚀的珍贵痕迹。

墙面设计

斜雕不规则的线条,
塑造立面交叠形体

考虑空间中所有元素组成皆有轻、重、缓、急之分,侧边收纳墙面
比起地板,则扮演"轻""缓"角色,以白色喷漆甲板作为柜门,乍
看规矩却又将每个门片斜雕出不规则的线条,并大玩厚度斜切的游
戏,让立面有形体交叠的错觉。

材质运用
低彩度配置，
塑造古典气质

照片刻意以降低彩度的
方式呈现，但可看出每
个角落隐隐透露出的仿
旧意味。圆形灰阶大理
石餐桌椅画龙点睛，结
合木作，各种纹理交会，
让空间充满灵动美感。

01. 照片刻意以降低彩度的方式呈现，但可看出每个角落隐隐透露出的仿旧意味。餐桌椅选用圆形灰阶大理石画龙点睛，让此一区域结合木作，纹理充满灵动美感。

02

02. 门板及配件皆为全新，设计团队在
考虑到要不浪费素材，门板壁纸采
用大图输出，图样是仿古式雕花，
选用了大图输出壁纸，并以仿古式
雕花门图样呈现，让空间多了古典
精致的底蕴。

03. 走入卧房，能感受到宁静致远的氛
围，床头背景墙满墙选用了内敛的
实木皮，纹理虽不鲜明，却可以看
到有趣的木质节眼。

03

案例 2

异材质创意结构，打造犹如巨型编织物的商业建筑

面积：399.3m²
木材：白橡木、桦木、松木合板
其他主要素材：木皮、纤维布面、塑料地砖
文：Jeana_shih
空间设计及图片提供：福研设计

坐落于台中市，名为"南洋，南洋"是一栋三层楼高的商业建筑，由于与自然科学博物馆、美术馆和精品店等景点为邻，这个建筑亦属于与市民紧密联系的城市空间。

近 400m² 的使用面积计划作为南洋料理餐厅，设计团队考虑其醒目的地理位置，在设计上有意创造特有的都市景观，因此在建筑体量上别出心裁，将属于南洋特有的风情植入设计元素之中。首先外墙的设计就相当引人入胜，以地毯编织材质包覆二楼以上墙面，并以热带国家常见的茅草覆盖冷硬的钢梁线条作为屋檐装饰，屋檐下的半户外空间宽敞，充满悠闲舒适的度假情调。独具创意的选材布局与设计，亦获得意大利 A'Design 室内空间和展览设计类别设计大奖。

材质运用

**编织地毯成为建筑立面表材，
打响品牌形象**

因业主计划经营马来西亚美食餐厅，设计团队便以南洋风为设计核心，考虑南洋编织艺术盛行，因此颠覆传统将用于地板的地毯材质使用于外墙。透过繁复、手工交错的方式塑造出编织语汇，且顶楼女儿墙拉高一倍，也为三楼的厨房带来遮阴效果，并顺势打响特有的餐厅品牌形象。

采光照明

**结合照明艺术，
木质纹理更为清晰明亮**

二楼用餐区的大型玻
璃落地窗拥有透视优
势，设计师选用胡桃
木皮制成的特殊照明
装置，展现木皮特有
的质感肌理，让街区
路人在夜晚从外望入
时，能注意到艺术效果。

顶棚造型
木作拼板传达
悠闲度假情怀

整栋建筑形体扁长，拥有宽阔的对外窗，但内部并不算宽广，因此一楼多以景观窗打开内外连接，室内天花板的木作拼板设计乃由室外屋檐延伸至内，企图模糊内外界线，也创造室内与户外零距离的互动。

墙面设计

落地式造型墙，
创造室内吸睛亮点

考虑客人自楼梯上来第一眼注意力，设计师在设计主墙面时颇具心思，运用木头角料拼接出整面落地式造型墙，创造出数大即是美的景致。

01. 由外至内的入口空间，用大量深木素材、竹篓吊灯塑造热带的南洋风情，并将出现在厨房的各式南洋香料，作为墙面、柱面上的重要装饰，也让民众进一步了解属于南洋的美食文化。

02. 卫生间位于楼梯顶端三楼的独立空间，设计团队在此区域也赋予了南洋元素，不仅延续一、二楼的草编壁面，瓦楞纸材质的吊灯与楼下木皮吊灯相呼应，创造出别致的光影效果。

03.04. 针对不同楼层的座位主墙面做了多元样貌的设计。一楼模拟曼陀罗线条并以大图输出
　　　 方式展现缤纷场景；二楼则以木雕上色打造出别具意境的墙面装饰。

8
Chapter

第8章

木×塑料
空间混材设计

图片提供©森境+王俊宏室内装修设计工程有限公司

要点 1. 特色说明 178

要点 2. 施工工法 178

要点 3. 不同材质搭配规划法则 180

要点 4. 空间设计实例解析 184

要点 1.

特色说明 ——————

与替代材兴起

原本运用于厂房、停车场的环氧树脂和磐多魔等材质，随着水泥质感的流行开始使用于室内设计当中，其耐磨耐潮的优点，在建材选购上为人们提供新的提案方向。另一方面，由于实木等天然材质价格昂贵和数量有限，因此人们开始着手研发替代建材，像是塑合木就是以废弃木料打碎后加入塑料而成，不仅能改善天然材质易朽、不耐碰撞的缺点，也降低木料的使用比例与成本。

不同材质同色搭配展现层次

如果是大面积的铺陈塑料材容易让空间显得极具人造感，较不适合空间设计使用，但因水泥质感的兴起，运用磐多魔、PVC地板等材质作为地坪成为新的选择，这时为了调节空间的冷硬感就会搭配木皮作为改善。

要点 2.

施工工法 ——————

当木与塑料做拼接时可尝试使用同色搭配，并利用不同素材为空间打造层次。图片提供©石坊建筑空间设计

这样施工没问题

· 木×环氧树脂

1. 环氧树脂施工快速，2～3天就可完工，铺设环氧树脂时，除了木地板需拆除之外，其他地砖或大理石地坪皆可直接覆盖铺设。

2. 环氧树脂的施工方法可分薄涂法和流展法，薄涂法施工的厚度为0.3～0.5mm，多用于仓库、办公室等使用频率较低的区域。居家空间等使用频率高的地方则用流展法，施工厚度2～10mm。而居家空间施作厚度需至少0.2mm。

3. 施作前水泥基地必须干透，水泥需一个月左右才能完全干透，否则铺上环氧树脂后可能会因水汽返潮，使得表面产生气泡。

178

·木×磐多魔

1. 磐多魔的施工期为 7 ～ 8 天，施作前需先整地完成，需无粉尘、碎屑才可入内铺设。和环氧树脂铺设的条件相同，可直接覆盖原有地坪施作，施作厚度需达到 5 ～ 7mm。

2. 以类似保鲜膜的材质将固定式家具、装潢与木作包覆好，避免施工过程中受到污染与破坏。

3. 使用机器以砂纸经由四道手续进行抛磨作业，将地板磨出光亮与温润的质感。

·木×PVC地砖

1. 可区分透心地砖和印刷地砖，所呈现的花色也有所差异。透心地砖的花色较少，大部分是以石粉加上化学添加物制成，看起来较廉价，因此多用于小仓库。而印刷地砖花色多样，大部分使用于商业空间。

2. 在施工前要注意地面的平整度，找出施工空间的中心十字线，铺设第一片时，要对准中心线的垂直交错处后开始粘贴。

3. 所有施工的地坪应铺设防潮布，衔接处需重叠 3cm 的面积；在地面均匀涂布上胶，用特殊胶料将地砖贴附于地面上，建议施作时保持室内空间干燥。

收边技巧这样做

·木×环氧树脂

环氧树脂与磐多魔在施工过程中都呈液态，因此只能直接连接到地面。需要注意的是让整个区域平整，在结合时才不容易有落差。而为了让空间完整，可用踢脚板或是空间内原有的木作规划作整合框边。

·木×磐多魔

木材质与磐多魔如果想呈现细腻接合，木作与地面先留有3～5mm的伸缩缝再铺设磐多魔即可，而如果想让两个材质有所区隔，相接面可用实木条、铁条做收边，色系则两者择一，让收合处不显突兀。

·木×PVC地砖

铺设地砖时除了地面要清扫干净，与墙壁要预留约1cm的伸缩缝隙。而铺设木纹质感的地砖若选择对花花纹，要注意纹路是否有贴错的情形。

要点 3.
异材质搭配规划法则

1. 尺寸配比

为了打造空间中的中性质感，且能让公私领域分别彰显出刚与柔。公共领域地坪可选用磐多魔材质，也可运用到立面让整体呈现灰色调，裸露的天花板表现个性；而私领域部分运用架高木地板区隔场域，赋予隐私空间柔和质感。

图片提供©石坊建筑空间设计

图片提供©石坊建筑空间设计

2. 收边技巧

地坪选用磐多魔而不是水泥粉光的原因在于可以让地面较为平整且有
着光泽，而与胡桃木壁面衔接时留有约3mm的缝隙能避免木材受潮伸
缩。

3. 施工工法

商用空间的入口地坪选用 PVC 地砖，而墙面则使用桧木，走入店里即能闻到一阵芳香，而 PVC 地砖底边与木材后方粘贴接合，让整体看起来更为平整。

图片提供©方尹萍建筑设计

4. 造型创意

空间中使用咖啡色的波龙牌 PVC
地毯，其色泽在不同角度的光线下
给人不同感受，而更特别的是将其
延伸至柜体门片处打造一致性，并
运用木条收边营造浓厚的东方氛围。

图片提供©方尹萍建筑设计

要点 4.
空间设计实例解析

案例 1

异材质打造
大宅高雅品味

面积：1089m²

木材：钢刷木皮、木地板

其他主要素材：古堡灰大理石、烤漆、铁件、磐多磨、波龙牌pvc地毯、岩板

文：张景威

空间设计及图片提供：

森境＋王俊宏室内装修设计工程有限公司

拥有1089m²的双拼透天别墅，原本的布局有着采光不足的问题，因此设计师运用天窗引光，让光线进入每个空间，并同时保有挑高视野，而多种异材质搭配则突出宅邸个性。

整体空间以素雅的浅色调为主，以灰色、白色的纯粹展现优雅氛围，一楼客厅从天而降的大理石电视主墙，则串联一、二楼立面彰显挑高的大宅尺度；占地颇大的此项目，设计师考虑到屋主喜欢招待亲友到家中，将其分为日常生活区与宾客区两大部分，地下室的交谊区则具有起居、接待及品酒等功能，满足宴客需求。最后则以同一块大理石运用在宴客客厅、一楼挑高客厅与中岛吧台上，运用相同色调及纹路，串起设计的一致性。

地板展现

木地板暖和
空间温度

位于宾客区玄关旁的会客茶席，入口的石材地坪改以橡木地板作为场域划分，也让空间氛围从大器变为细腻温暖，而搭配的金属弧形格栅则散发出幽幽的东方情怀。

色彩秘诀
深色木门框
凝聚焦点

品酒区的入口壁面与地坪以大器的石材展现气势，并使用深色木材作为门框，除了凝聚视觉焦点，更让人感觉恍若走入画作之中。

材质运用

沉稳木材与
磐多魔相互呼应

宴客餐厅壁面与地面使用磐多魔，这是一种没有修饰的裸材，在光线的洒落下展现细腻的纹理，而因其给人较为冷冽感受，因此搭配木格栅与木头餐椅脚来提升空间暖度。

顶棚造型

**顶棚斜角窗
以木材质呼应典雅**

卧房上方用斜屋顶打造采光窗，从上方引入光源，且采光窗下方贴上木皮后在光线的映照下格外明显，并与下方木格栅窗呼应出典雅氛围。

01

01. 一楼起居客厅，有从天而降的大理石作为电视主墙，串联一、二楼立面彰显挑高的大器尺度，而垂坠的大型吊灯是以金属丝线为主体，吸引目光且不显沉重。

02.

主卧的天花板与墙面延伸出空间的浅色优 雅，床头板置物处以镀钛金属打造，与木格栅窗打造的空间氛围形成冲突，成为视觉焦点；而腰部以下的空间则以温润的木地板与深色床具、家具营造宁静的舒眠氛围。

03.

二楼空间以"冂"形透明玻璃围栏在一楼上方环绕客厅，减少封闭隔间之感，并将廊道打造为阅读区，结合书墙与一旁的大书桌，加上阳光由天窗洒落，空间显得宽敞透亮。

案例 2

无形之形，虚实相映打造美的空间

面积：190.08m²

木材：栓木木皮

其他主要素材：亚克力棒、定制人造花艺、大理石、镀钛、皮革、黑镜、强化玻璃、特殊漆、水草、铁件、石皮、定制家具与灯具

文：陈淑萍

空间设计及图片提供：YHS DESIGN设计事业

跳脱传统空间定义，弧形、蜿蜒的格局动线中，以镀钛金属格栅取代实体隔间墙，这处一楼与地下室结合的前卫美发美体空间，将有形化为无形，以虚实相映的设计方式呈现。接待区天花板，运用亚克力材质点缀，如同雪花片片堆砌，当开启灯光后像是满天星斗，洒落一地闪耀银光。

弧形圈围出的理发包厢空间内，采用黑镜面打造理发座位与冲洗台，与白色大理石地坪、浅色栓木，创造视觉上清浅、浓重的明暗对比。乘着空气感穿梭动线，循序来到一楼空间尽头，清透玻璃墙后方一处绿意盎然的砌石流水端景，仿佛觅得陶渊明笔下"林尽水源，便得一山"的桃花源。而一楼通往地下楼层美体区的过道，则运用人造花墙，以繁花盛开景象，转化两处不同机能的空间氛围。

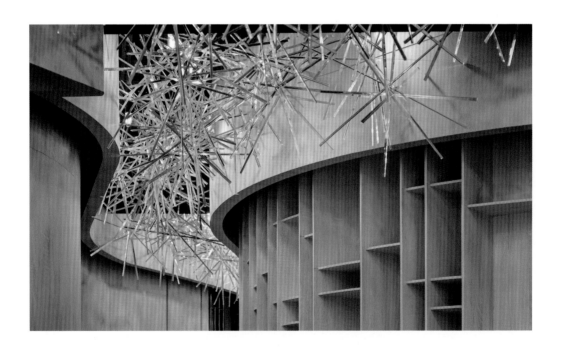

顶棚造型

透明亚克力
打造银光星空天花

跳脱格局的美发、美体空间，一楼接待区与廊道，挑高的天花尺度以黑为衬底，上头缀以透明亚克力造型棒组成的立体装置，一条条 一朵朵堆砌，当开启灯光后就像是黑幕底下的满天星斗，通过灯光折射，洒落一地闪耀银光，带来入门后的第一眼惊艳视觉印象。

墙面设计

淡雅栓木点缀
金色镀钛的低调奢华

配合蜿蜒弧形的格局动线，墙面以曲折木作做出呼应。浅色淡雅的栓木纹，上下以脱缝进退面增加壁面层次，加上垂直的线性沟纹，并搭配金色系镀钛金属板作为局部的点缀装饰。柜台后方主墙，则用皮革绷布，以直线、斜线切割出几何块面，在精致中增添活泼设计感。

木皮拼贴

栓木皮以直纹
斜刻创造变化

理发包厢内，天花、地坪以黑白上下颜色对比，中间的立面则采用直纹木肌理的木作墙，加上斜刻的勾缝创造变化。木作壁面也非四四方方，而是以曲折弧面，搭配线性分割与斜拼，同样的设计手法，可在接待大厅的皮革绷布板上看见，作为空间里外的呼应元素语汇。

材质运用

**双层透空的
金属格栅界定空间**

取代传统实体墙面的
空间区隔，各包厢以
木作搭配金属屏风，
既能定义每个座位区
域，起到保护顾客隐
私的作用，又不会将
空间变得狭窄封闭。
双层的金属格栅屏风，
材质为金属棒，边缘
则以咖啡色的镀钛金
属板收边。

01. 入口圆弧柜台是大理石台面与镀钛金属板制成的格栅组成，光泽反射在皮革制成的背景墙上，右侧花团锦簇，是可通往地下楼层美体区的入口。

02.
理发区包厢，座位前采用明镜、黑色玻璃加美耐板染黑，透过材质与颜色的整合，将琐碎化零为整，视觉看起来更利落。包厢内部与走廊上，配置开放展示格柜，收纳深度约15cm，层板则依商品不同做出宽窄、高低变化。

03

03.04.
地下楼层美体区的等候空间，以木材质与温润色调，打造喧嚣城市里的舒压秘境。繁花盛开的壁面装饰，成列的木格栅与雾面玻璃，隐透着幽微、静谧光线，后方则为美体包厢。

04

9
Chapter

第9章

木×玻璃
空间混材设计

图片 提供©禾筑设计

要点 1. 特色说明   202

要点 2. 施工工法   202

要点 3. 不同材质搭配规划法则   204

要点 4. 空间设计实例解析   208

要点 1.

特色说明 ———————

木与玻璃，创造冷暖平衡的和谐感

玻璃素材的清透、反射特性，能创造无压空间，甚至还能提供放大空间的视觉感受。有别于木材质的温润质朴，玻璃呈现一种较冷调、理性的素材个性，可与木材质互相搭配出冷暖平衡的和谐效果。而且不像木或石材具天然毛细孔，玻璃材质表面光滑，易于清洁保养，也没有受潮变形的问题，是性价比极高的建材选项。

丰富的装饰性及实用性

玻璃因制作原理不同主要可分为清玻璃、胶合玻璃、喷砂（雾面）玻璃、镜面玻璃、烤漆玻璃等。在室内设计的应用上，可用于轻隔间、壁面装饰或作为桌面。材质的表现，除了清透或烤漆镜面之外，玻璃还可运用胶合、夹砂，创造出若隐若现的视觉效果或多元变化的风格图案；另外也能通过激光切割，将平面凿刻出立体凹凸，装饰性及实用性皆相当高。

要点 2.

施工工法 ———————

这样施工没问题

·木×玻璃

运用玻璃施作的前提，首先要确认玻璃类型的挑选与厚度。而玻璃厚度该怎么决定？则需视应用于何种用途？是隔间、承重或是装饰？譬如若要取代墙面结构，将玻璃制作成轻隔间，则需使用较有厚度的强化玻璃；若要将玻璃制成层板或台面，底下没有其他支撑结构的话，玻璃厚度最好挑选10mm以上，才具有承载力；若作为柜体门片或贴附壁面的装饰，则玻璃厚度5～8mm即可。而玻璃在与其他素材搭配施工时，还需注意以下重点：

1. 玻璃成型后便不具延展性，除非拼贴处理，不然只能切小，无法变大，因此在施工之前，一定要精准确认尺寸。

2. 壁面若有插座孔或螺丝孔位
   置，需在整片安装贴附之
   前，事先将玻璃开孔完成。

3. 玻璃在进场与施工时，需小
   心搬运，注意不要碰撞，以
   避免边角碎裂、破损。

依用途决定玻璃材质厚度，如图作为桌脚支撑的玻璃，需较上柜隔板玻璃更厚，才能有较好的承载力。图片提供©禾筑设计

收边技巧这样做

1. 作为层板或门片的玻璃，以切割及研磨加工技术，可使边缘平滑，再搭配导圆角处理，即使直接安装使用不另做收边，也不会锐利划手。有时玻璃也会结合其他材质作为收边，譬如玄关的玻璃隔屏，透过金属或木作收边，可更加强其整体的结构稳固性。另外，玻璃还可以胶合方式，与PVB（聚乙烯醇缩丁醛）中间膜或特殊中间材结合，让玻璃有胶膜的黏着力，也能避免破裂时玻璃碎片四散，同时也让玻璃样式看起来更有变化。

2. 另种以粘贴作为支撑固定方式的玻璃，譬如贴附于壁面的玻璃，或作为局部装饰性的玻璃，在安装时，需留意其与墙体结构表面是否水平平整，同时也要确认是否黏合的够牢固，以确保安全性。另外，若作为厨房、卫浴壁面使用时，也会运用硅胶、修饰硅胶填缝剂，作为玻璃的防水修边。

玻璃隔板以切割及导角研磨方式收
边，使边缘平滑。图片提供©禾筑设计

要点 3.
不同材质搭配规划法则 ———

1. 施工工法

书房与客厅以微带茶灰色的玻璃为隔断，使空间各自独立又具开阔连贯性。天花板埋藏悬吊式轨道，搭配金属作为支撑结构，大玻璃门片也能轻松开启。

图片提供©禾筑设计

图片提供© YHS DESIGN设计事业

2. 尺寸配比

弧形玻璃柜，是由3片浅茶色的清透玻璃所组成，平面处为两片可开启的铰链玻璃门；左侧圆弧玻璃则与柜体固定牢合，整体玻璃厚度约8mm，以木工打板丈量弧形，再制作测试安装。

3. 造型创意

搭配空间的倒L形造型，作为客厅书房隔间之用的玻璃拉门，用和
谐对称的线性框架，在清玻璃的通透之中，营造出鲜明的空间层
次感。

4. 收边技巧

玄关到客厅之间，黑色镶边的茶色玻璃屏风下方，与客厅的矮石平台及木柜接合，隐约做出内外分区。再往内的餐桌兼阅读区，则以木作搭雾面玻璃，打造兼具透光与收纳功能的隔间柜。

图片提供©禾筑设计

要点 4.
空间设计实例解析____

案例 **1**

当理性遇上感性，线条与圆弧的动静演出

面积：103m²
木材：栓木木皮、实木格栅
其他主要素材：雾色漆面、茶色玻璃、镀钛金属、金属美耐板、白色人造皮革
文：陈淑萍
空间设计及图片提供：YHS DE-SIGN 设计事业

为了让居家氛围明亮温馨，空间选用屋主偏好的木素材为底，以颜色与纹路较为清浅的栓木，铺陈出温暖柔和的原木客厅主墙，并以企口勾缝作为装饰，制造出立面的深浅层次，让单纯的木墙也能成为家的一道美丽风景。搭配素雅的雾色调，整体空间流露出淡淡典雅气息。

线条的交织串起空间的连续性，除了壁面线性勾缝之外，主墙与柜体也运用细木格栅、镀钛金属收边条，在垂直与水平方向纵横交织；另一种线条趣味，则表现在沙发背墙上，上面活泼的斜线由拼接皮革做成。另外，茶色玻璃展示收纳柜，圆弧造型消弭了的尖锐感，同时也以"圆"中和空间中大量的"直线"，有效舒缓线性带来的冷硬感，让空间在个性与柔和的律动对比中，增添几许设计趣味。

材质运用
圆弧形玻璃
软化视觉调性

配合空间中木质与雾色调，展示收纳柜以微带暖色的茶玻璃打造，借由清透材质减轻量体的厚实感，同时圆弧造型亦消弭了尖锐感，让空间在视觉上让人能放软。玻璃层柜的立柱与层板，采用古铜色金属饰条点缀，与一旁的镀钛金属收边玻璃屏风拥有同样明的亮质感，互为呼应。

墙面设计
皮革拼接沙发背景墙
×
廊道端景墙

沙发背景墙皮革,透过斜切式拼接增添活泼感,边缘则采用与电视主墙相同的栓木皮收边;而通向私人空间的廊道尽端,则是更衣间暗门,空间的勾缝也使用在此处,并以不同大小的圆形排列组合,运用裱织纹绷布进行美化,成为延伸视觉景深的廊道端景。

顶棚设计
**线性切割与格栅装饰，
强化设计整体性**

为规整梁体，顶棚以客厅、餐厅、过道等不同空间为单位，切割出高低深浅不同的层次块状面。天花板块面的边缘，以勾缝提点细节，从而呼应公共区域的线条语汇。过道处运用与柜体相同的格栅元素，作为天花板衔接处的装饰，强化设计的整体性，增添立面变化。

木皮拼贴
直纹横纹变化与
双色搭配

两间小孩房的木皮皆采用染成深色的桧木，门片采用双色处理搭配（靠内部为深色栓木，靠外部则为与公共区域相同的浅色栓木）。立柜与矮柜门片以直木纹呈现，抽屉面板与书桌桌面，则改为横木纹方向。衣柜与书桌格柜的边缘立柱，运用略带反射光泽的美耐板金属饰条收边，突显整体风格的年轻化与鲜明个性。

01. 餐厨空间以白色与浅栓木色两种颜色搭配，天然的木纹展现质朴亲切感，素雅的白色则带来利落洁净感。白色吧台与木质大桌方便料理时使用，在这里能放松地大展厨艺，与家人分享温馨的饭菜。

02.

公共区以金属美耐板作
为踢脚板材质，借由金
属反射光泽，提升室内
的明亮质感。而卧房则
为打造柔和睡眠氛围考
虑，踢脚板为木材质。

03.

卫浴墙面与淋浴区地坪，
采用相同的仿石纹大理
石瓷砖，相对壁面的平
滑触感，地坪的大理石
以雾面处理，并通过切
割增强地坪的防滑效果；
而洗手台与浴缸台面，
则采用钻石水晶大理石。

案例 2

线条律动，如空间中凝固的音色

面积：148.5m²

木材：超耐磨木地板、木皮钢刷自然拼、橡木实木

其他主要素材：茶色强化安全玻璃、手工制作特殊涂料、粉体烤漆金属、橄榄啡大理石、秋海棠大理石、进口欧制五金

文：陈淑萍

空间设计及图片提供：禾筑设计

房子的一侧有大面开窗，山的轮廓、城市影像清晰可见。书房与客厅、餐厅之间以玻璃为隔断，利用通透材质让视线无碍，并援引窗景光线分享至房屋内侧，空间各自独立又连贯一体，呈现清朗开阔气韵。壁面与柜体则由木材质、玻璃、铁件，通过垂直线性分割，体现出视觉韵律感；而餐厅空间则呼应大梁结构，创造出高低错落、曲折变化的天花板块面，搭配线性灯光装置，将视觉焦点汇聚至木质大餐桌之上，让这里成为亲子共餐、访客聊天讨论的生活中心。

整体空间色调降低了彩度，在沉稳简练的莫兰迪色中，运用局部跳色与鲜明家具搭配，几抹绿意与鲜红在和谐、理性之中，点缀了活泼、感性的色彩层次，给人眼前一亮的振奋，仿佛静谧中的飘逸音色，轻盈敲醒都市人的心。

材质运用
玻璃屏风透光不透影的隐约之美

玄关旁的屏风，可避免视线直穿房屋内部，玻璃屏风经特殊处理，呈现透光却不透影的效果。边框以金属收边并强化结构，下方搭配实木层板，带来温润自然气息，可作为展示平台，也是入门后实用的置物处。

色彩秘诀

冷暖动静之中，
取得色彩平衡

以沉稳色彩诠释的空间，包括灰色柜面、茶色玻璃隔屏以及略带浅灰的木质地板，运用低调、和谐的色彩铺底，并在素雅中点缀着鲜明色彩，如书房量身定制的悬吊矮柜，绿色烤漆为空间注入一股清新；客厅搭配红色皮制单椅，在理性与感性、冷暖与动静之中，取得平衡。

墙面设计

经纬交织，是收纳
亦是空间端景

客厅沙发旁的立面，挖凿出内缩的柜体空间，格柜内嵌入金属，搭配玻璃层板，营造柜体视觉上轻重的变化。柜体上下的金属饰条垂直延伸，线条利落细致，与轻薄的金属书桌互为呼应。而L形转折延伸的木质层板，则与金属线条经纬交织出漂亮的收纳端景。

顶棚造型

立体造型的
块状曲折天花板

为了呼应餐厅空间的大梁结构，也为了避免因包覆梁体而压缩空间，天花板通过不同高低、不同角度倾斜，打造出曲折的块状面，成为隐形梁体，结合照明与空调的立体造型天花板。三条线性的勾缝照明，向内汇聚于木质大餐桌之上，让此处成为视觉焦点，也成为凝聚家人的生活中心。

01.
玄关采用大理石地坪作为入门处的落尘区，与内部的木质地板衔接，分出里外空间。玄关柜的柜体门片，使用色泽较沉稳的清水模,创造出一方静谧。

02.
中岛茶水区紧邻餐桌，在这里能与餐桌上的家人一边聊天，一边做些轻食。靠墙橱柜舍弃系统吊柜的封闭式收纳，改以木质层板搭配间接照明灯具，让餐厨空间兼具功能性与美观性。

03.
茶色强化玻璃隔间出书房，轻盈透亮的光影洒落，成为空间最美装饰。设计师以实木定制出三角书桌，流畅弧形取代四方造型，免去桌角影响动线的困扰。其旁的悬吊矮柜，绿色的边缘搭配实木层板，为空间注入一室清新。

04. 主卧背景墙的特殊壁纸，让空间背景像是一幅晕染画作。橡木材质的床架与筒形床头矮柜，营造自然、无压睡眠氛围。

©2021辽宁科学技术出版社
著作权合同登记号：第06-2020-95号。

图书在版编目（CIP）数据

木混材实用设计指南 / 漂亮家居编辑部著. — 沈阳：辽宁科学技术出版社, 2021.07
　ISBN 978-7-5591-1817-2

　I. ①木… 　II. ①漂… 　III. ①木材—装饰材料—应用—室内装饰设计—指南 　IV. ①TU238.2-62

　中国版本图书馆CIP数据核字(2020)第200330号

出版发行：辽宁科学技术出版社
　　　　　（地址：沈阳市和平区十一纬路25号 邮编：110003）
印 刷 者：辽宁新华印务有限公司
经 销 者：各地新华书店
幅面尺寸：170mm×230mm
印　　张：14
字　　数：280千字
出版时间：2021年7月第1版
印刷时间：2021年7月第1次印刷
责任编辑：于　芳
封面设计：郭芷夷
版式设计：郭芷夷
责任校对：韩欣桐

书　　号：ISBN 978-7-5591-1817-2
定　　价：76.00元

编辑电话：024-23280070
邮购热线：024-23284502
E-mail:editorariel@163.com
http://www.lnkj.com.cn